应用型本科风景园林专业规划教材

园林制图实训指导

主　编　马　静　黄丽霞

副主编　张媛媛　薛　梅

上海交通大学出版社

内容提要

本书是针对21世纪对风景园林专业人才培养的要求而编写，目的是使学生通过各类园林制图实训操作，加强理论与实际的联系，巩固理论教学成果，培养学生掌握园林工程图纸的绘图规范和标准，具备园林工程图识图与绘图的基本技能。本书分单项技能训练和综合技能训练两部分，其中单项技能训练16个，综合技能训练3个。内容包括：园林工程图纸识图与绘图基础、园林要素的表达、断面剖面图绘制、三视投影图绘制、轴测投影图绘制和透视投影图绘制，囊括了园林制图课程所要求掌握的重点操作技能，每个技能训练都详细介绍了相关知识要点和操作方法、步骤及要求。

本书可作为应用型本科风景园林专业教材，也可作为从事园林工程设计施工人员的培训用书。

图书在版编目(CIP)数据

园林制图实训指导/马静，黄丽霞主编. —上海：上海交通大学出版社，2017（2018重印）
ISBN 978-7-313-16593-0

Ⅰ.①园… Ⅱ.①马…②黄… Ⅲ.①园林设计—建筑制图
Ⅳ.①TU986.2

中国版本图书馆CIP数据核字(2017)第026169号

园林制图实训指导

主　　编：马　静　黄丽霞
出版发行：上海交通大学出版社
地　　址：上海市番禺路951号
邮政编码：200030
电　　话：021-64071208
出 版 人：谈　毅
印　　制：上海天地海设计印刷有限公司
经　　销：全国新华书店
开　　本：787mm×1092mm　1/16
印　　张：5.25
字　　数：104千字
版　　次：2017年6月第1版
印　　次：2018年8月第2次印刷
书　　号：ISBN 978-7-313-16593-0/TU
定　　价：29.00元

Preface 前　言

园林制图是园林和风景园林专业最基础的课程。该课程教授工程图纸的绘图规范、标准、基础知识以及园林工程图纸的识图与绘图技能，在要求学生掌握相关理论知识的同时也要求学生具备较强的实际操作与绘图技能。目前各院校使用的教材多为理论教材，少有针对绘图操作的实训指导教材。为此，我们根据国家对应用型本科园林专业教育的特点及各项要求编写了本实训指导教材，在具备一定理论知识的基础上注重实际操作技能的指导培训。

本实训指导教材分单项技能训练和综合技能训练两部分，其中编写单项技能训练 16 个，综合技能训练 3 个。内容包括：园林工程图纸识图与绘图基础、园林要素的表达、断面剖面图绘制、三视投影图绘制、轴测投影图绘制和透视投影图绘制。囊括了《园林制图》课程各章节要求掌握的重点操作技能。本实训指导书从园林制图绘图基础出发，由单项到综合，突出理论知识的应用和实际识图绘图能力的培养，由浅入深，系统性强，具有较强的针对性和实用性，可供高等院校园林、风景园林等相关专业使用。

该实训指导书为应用型本科院校“十二五”规划教材。在教材编写过程中，注重实践性、操作性，使其符合应用型本科院校教育的教学要求。

本实训指导书由长期在一线从事园林教育和工作的教师编写。马静主要编写园林制图单项技能实训一—实训十部分，黄丽霞主要编写园林制图单项技能实训十一—实训十六部分，张媛媛、薛梅主要编写园林制图综合技能实训部分。

在本书编写过程中，参阅了一些著作、教材与网站，在此特向相关作者表示衷心的感谢。

由于编者水平、掌握的资料和实践经验有限，错误和不足之处在所难免，恳请广大读者、同行和专家给予批评和指正。

编　者

2017 年 3 月

Contents 目录

园林制图单项技能实训

园林制图综合技能实训

园林制图单项技能实训

实训一
园林工程图图框绘制

实训课时：3 学时
实训类型：验证
实训要求：必修

一、目的

园林工程图图框绘制是所有工程图纸绘制的第一步。本单元实训通过园林工程图框的绘制练习，要求学生掌握常用制图仪器及工具的使用方法；熟记 A 系列图纸图幅大小、图框尺寸及横、竖版图框样式；掌握标题栏绘制样式和图框、标题栏线宽等级要求。

二、仪器与工具

绘图板、丁字尺、三角板、A3 绘图纸两张、A4 绘图纸一张、铅笔、针管笔、橡皮、塑料胶带等。

三、实训内容

1. 仪器工具的使用

掌握绘图板、丁字尺、三角板的配合使用方法。掌握针管笔的保养、使用方法。

2. 图框绘制练习

分别绘制 A3 横、竖版图框和 A4 竖版图框各一张。

四、实训方法和步骤

(1) 熟记 A 系列图纸图幅大小,将绘图纸按规格尺寸裁成 A3 和 A4 大小。

(2) 配合使用丁字尺和绘图板,将图纸校正水平并固定于绘图板适当位置。

(3) 熟记图框横、竖版样式、和尺寸,配合丁字尺和三角板,用铅笔勾画图框、标题栏底稿。

(4) 掌握图框、标题栏线宽等级要求。底稿确认无误后,使用正确型号的针管笔上墨线。

(5) 擦除铅笔印迹,完成图纸绘制工作。

五、知识要点

1. 图幅尺寸(见表 1-1)

表 1-1

幅面代号 / 尺寸代号	A0	A1	A2	A3	A4
$b \times l$	841 mm× 1 189 mm	594 mm× 841 mm	420 mm× 594 mm	297 mm× 420 mm	210 mm× 297 mm
c	10 mm			5 mm	
a	25 mm				

2. 图框样式(见图 1－1)

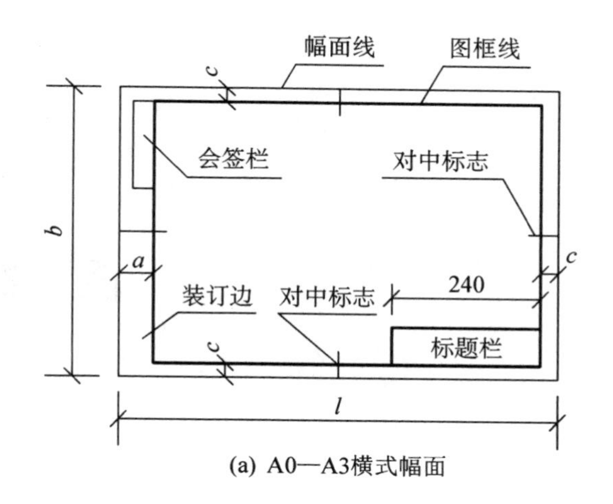

(a) A0—A3横式幅面

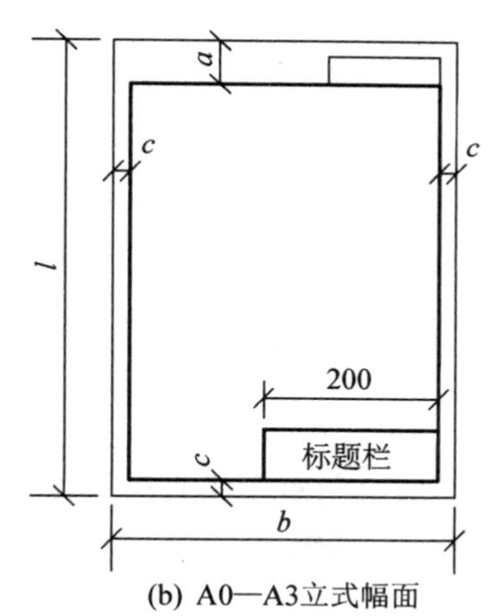

(b) A0—A3立式幅面

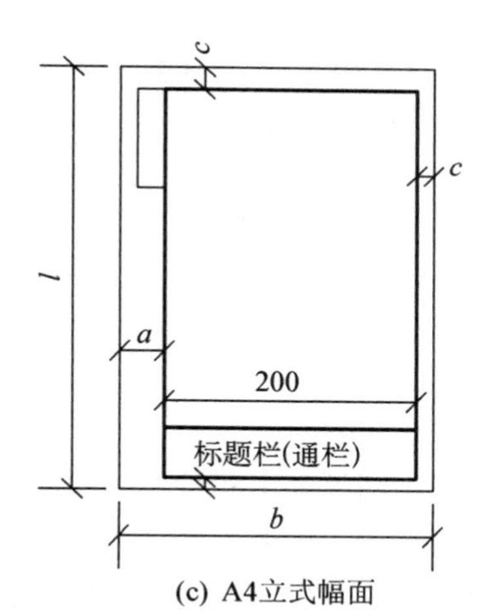

(c) A4立式幅面

图 1－1

3. 标题栏样式(见图 1－2)

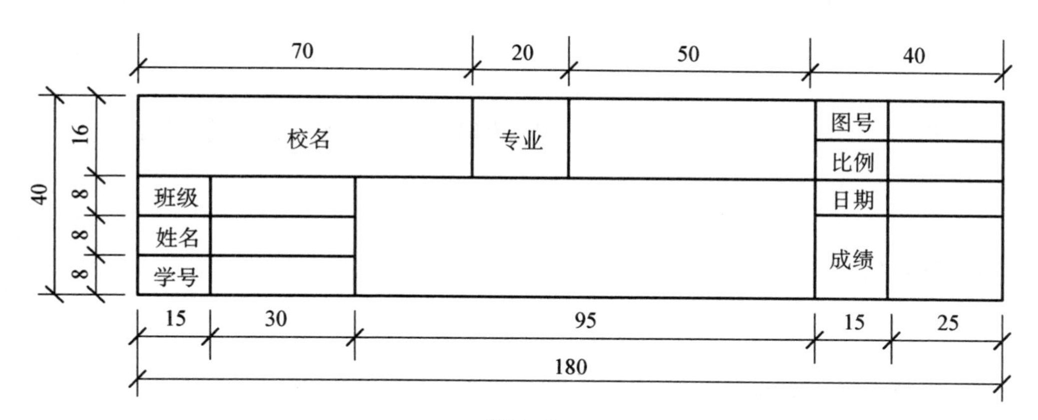

图 1－2

实训二
图线练习

实训课时：3 学时
实训类型：验证
实训要求：选修

一、目的

园林工程图纸是由各种不同图线组成的。工程图的绘制对图线有许多规范性要求，包括线型和线宽。本单元实训要求学生掌握不同线型的正确绘制方法、线宽的分类及与针管笔对应型号和线与线相交的绘制方法。

二、仪器与工具

绘图板、丁字尺、三角板、A4 绘图纸一张、铅笔、针管笔、橡皮、塑料胶带等。

三、实训内容

(1) 绘制不同线宽的实线、虚线、单点划线、双点划线各三组。
(2) 绘制实线、虚线、单点划线、双点划线的相交。

四、实训方法和步骤

（1）将上次实训绘制的 A4 竖版图框校正并固定于绘图板上。

（2）自行排版，布置线型线宽图线练习和图线相交练习在图纸中的版面位置。

（3）铅笔打稿，正确绘制各图线。

（4）采用正确型号的针管笔上墨线。

（5）擦除铅笔印迹，完成图纸绘制工作。

五、知识要点

（1）同一张图纸中，虚线、点划线和双点划线的线段长度及间隔大小应各自相等。各线型中线段、点及间隔长度均有规范要求（见图 2－1）。

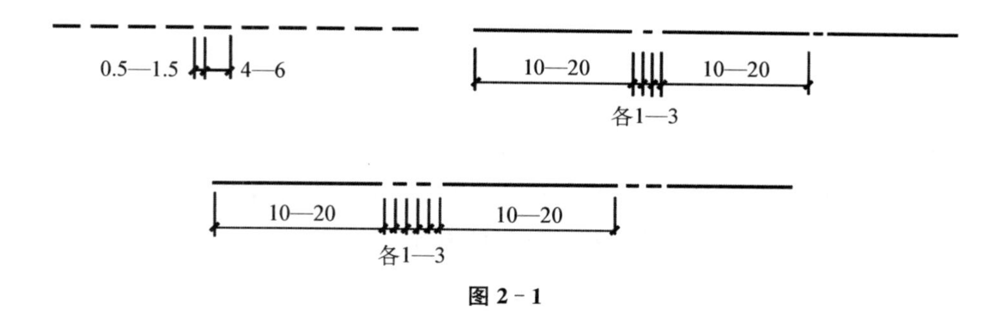

图 2－1

（2）各类图线相交时，应交于线段处。

（3）点划线或双点划线的首尾两端应是线段而不是点。

实训三
字 体 练 习

实训学时：3 学时
实训类型：验证
实训要求：必修

一、目的

园林工程图纸中的各种字(汉子、数字、字母)均有规范字体要求。本单元实训要求学生掌握工程图中规范字体——长仿宋字的书写方法。把握长仿宋字体的规范宽高比例，能熟练书写长仿宋体的中文、大小写英文和阿拉伯数字。

二、仪器与工具

绘图板、丁字尺、三角板、A3 绘图纸一张、铅笔、钢笔、橡皮擦、刀片等。

三、实训内容

临摹长仿宋字。

四、实训方法和步骤

1. 临摹长仿宋体

在前两页字帖(见图 3-1 和图 3-2)的网格中临摹长仿宋字。注意字体宽高比例,书写时应填满格子。

2. 绘制图框和网格,临摹练习

根据后两页提供的字帖(见图 3-3 和图 3-4),在 A3 绘图纸中绘制横版图框,并自行绘制网格,以 1∶1 的大小临摹练习长仿宋字。

五、知识要点

(1) 园林工程图图样及说明中的文字宜采用长仿宋字体。字体宽高比约 2/3。字间距约为字高的 1/4,行间距约为字高的 1/3。

(2) 数字和字母有斜体、正体两种,通常采用向右倾斜 75°的斜体。汉字与数字或字母混写时,数字和字母的字高比汉字的字高宜小一号。

(3) 有关字的笔画名称、笔法、运笔说明见表 3-1。

表 3-1

笔画名称	笔　法	运 笔 说 明
横		横可略斜,运笔起落略顿,使尽端呈三角形,但应一笔完成
竖		竖要垂直、有时可向左略斜,运笔同横
撇		撇的起笔同竖,但是随斜向逐渐变细,而运笔也由重到轻

（续表）

笔画名称	笔　法	运 笔 说 明
捺		捺与撇相反，起笔轻而落笔重，终端稍顿再向右尖挑
点		点笔起笔轻而落笔重，形成上尖下圆的光滑形象
竖钩		竖钩的竖同竖笔，但要挺直，稍顿后向左上尖挑
横钩		横钩由两笔组成，横同横笔，末笔应起重落轻，钩尖如针
挑		运笔由轻到重再轻，由直转弯，过渡要圆滑，轻折有棱角

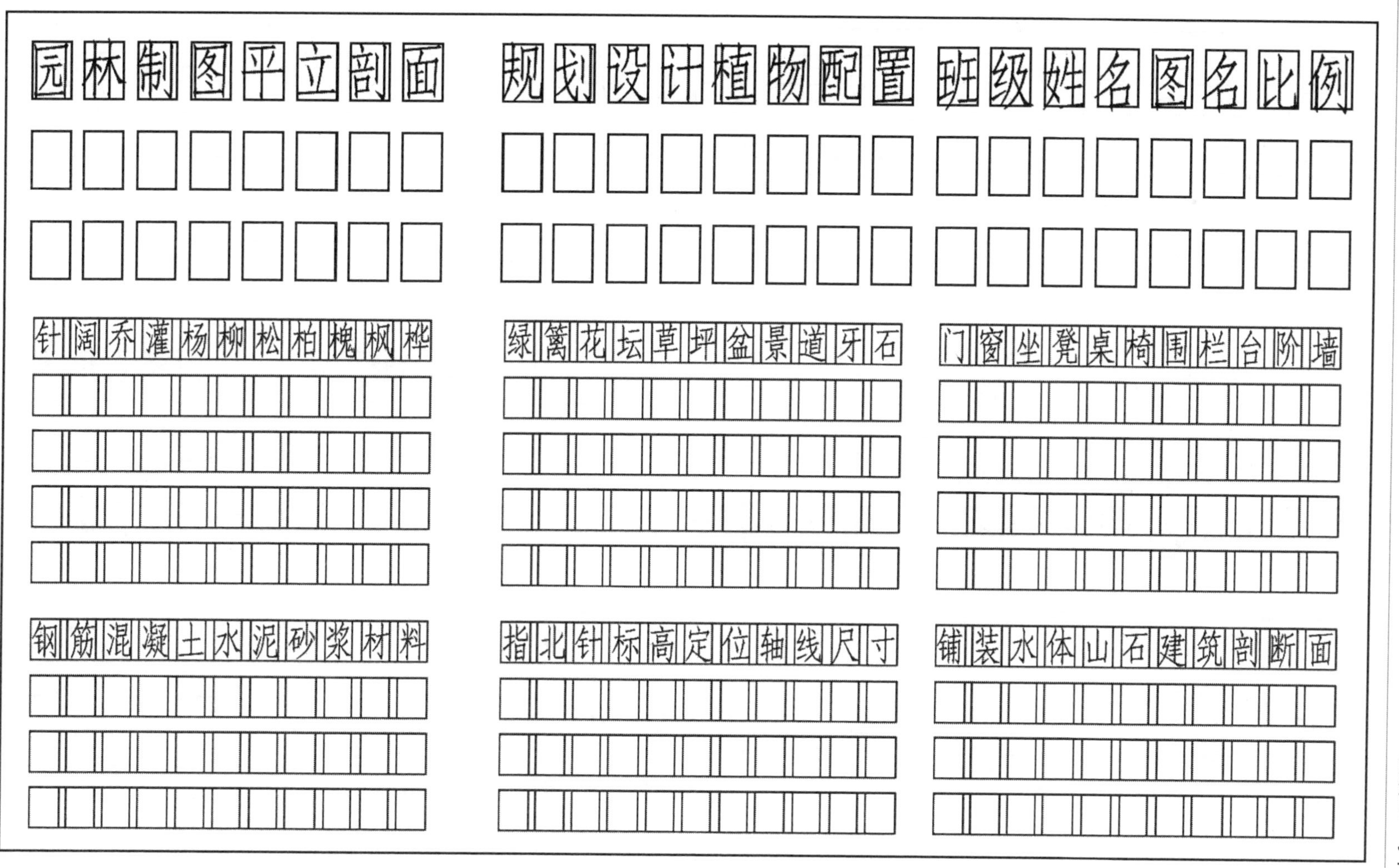

园林制图平立剖面
规划设计植物配置
班级姓名图名比例
针阔乔灌杨柳松柏槐枫桦
绿篱花坛草坪盆景道牙石
门窗坐凳桌椅围栏台阶墙
钢筋混凝土水泥砂浆材料
指北针标高定位轴线尺寸
铺装水体山石建筑剖断面

图 3-1

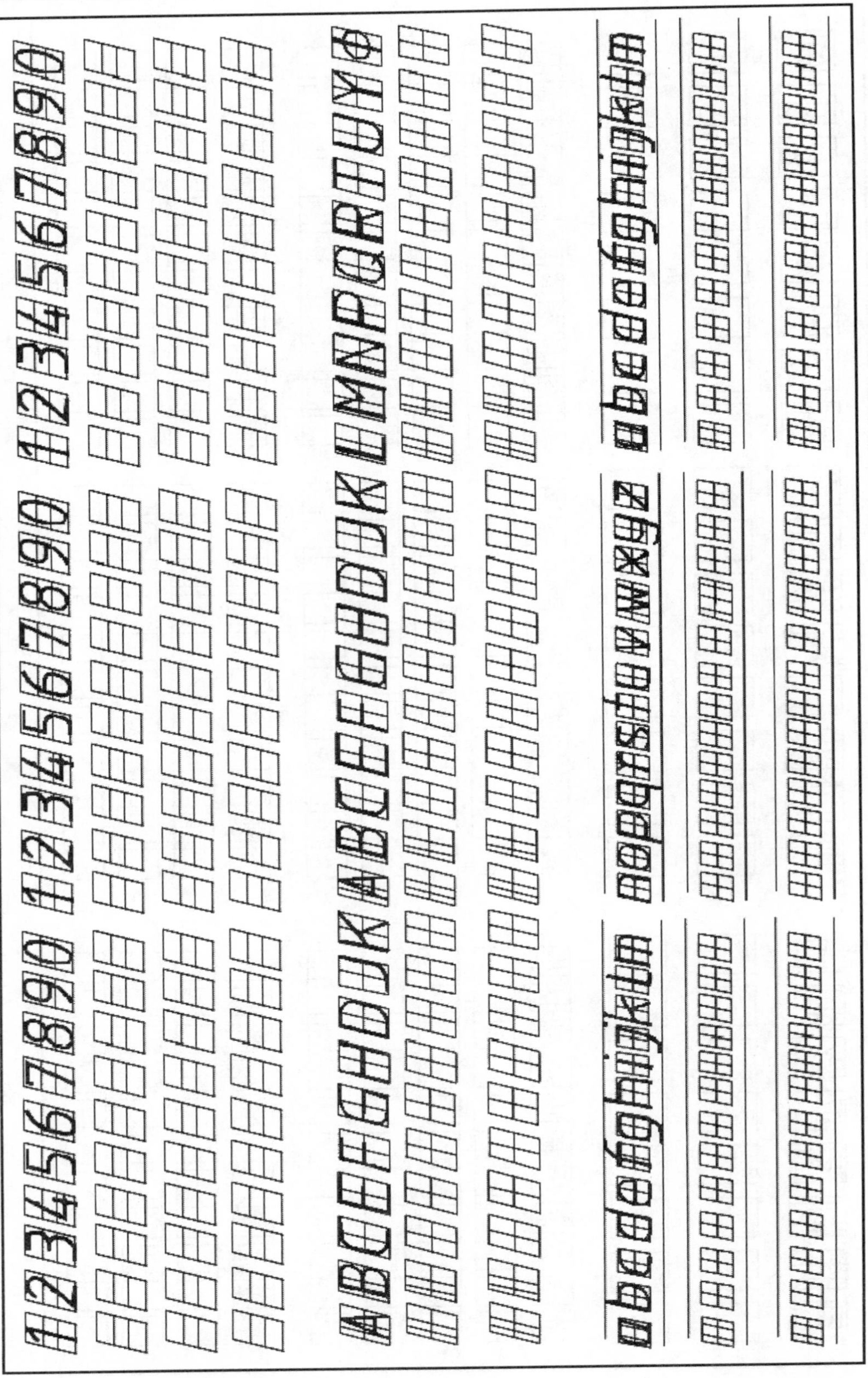

图 3－2

某厂区绿化景观设计说明基本概况工厂绿化作为城市绿化的一个重要组成部分不仅可以美化环境陶冶情操还是工厂文明的标志信誉的投资并维护城市生态的平衡电力集团有限公司位于晋陕豫三省交界处的城北的黄河之滨连霍高速公路和陇海铁路从厂区南部通过交通便利资源丰富占地余亩此次绿化面积约平方米包括办公楼前入口广场设计办公楼后中心花园设计生产作业区及厂房周边环境设计等等设计主导思想本次绿化设计主导思想以简洁大方便民美化环境体现建筑设计风格为原则使绿化和建筑相互融合相辅相成使环境成为公司文化的延续其设计特点有充分发挥绿地效益满足厂区员工的不同要求创造一个幽雅的环境坚持以人为本充分体现现代的生态环保型的设计思想植物配置以乡土树种为主疏密适当高低错落形成一定的层次感色彩丰富主要以常绿树种作为背景四季不同花色的花灌木进行搭配尽量避免裸露地面广泛进行垂直绿化以及各种灌木和草本类花卉加以点缀使厂区达到四季常绿三季有花厂区之中道路力求通顺流畅方便实用并适当安置园林小品小品设计力求在造型颜色做法上有新意使之与建筑相适应周围的绿地不仅可以对小品起到延伸和衬托又独立成景使全区的绿地形成以集中绿地为中心的绿地体系绿化景观设计围绕我厂文化的内涵营造出五境即品味高雅的文化环境严谨开放的交流环境催人奋进的工作环境舒适宜人的休闲环境和谐统一的生态环境充分体现出电力有限公司的景观特具体设计通过对主导思想的把握本次景观设计中我们将整个厂区划分为四个分区包括办公楼前入口广场办公楼后中心花园生产作业区及厂房周边环境在此我们设计了两套方案供业主选择入口广场区主入口广场占地近平方米位于主入口至办公楼之间这里与城市道路紧密相连它不仅是本厂职工上下班的密集地也是外来客人入厂的第一印象场所是我厂对外的一个形象展示方案一设计采取简洁大方的设计思路入口两侧绿化采取有层次的种植使景观在统一中求变化大面积色叶植物的栽植在丰富植物色彩的同时寓意我们的事业蒸蒸日上前广场以花钟足迹开屏广场中心主题雕塑为轴线沿着人行的过程自然形

图 3-3

成一条景观轴线凸现建筑的主体性在空间上采取了先收后放的形式花钟是以植物
塑造为时钟给人以惜时的警示沿着轴线在花钟与开屏广场之间布置了脚踏实地石
顾名思义体现出我厂工人兢兢业业脚踏实地的人生态度开屏广场象征我厂发展前
景的广阔中心我们设计有象征电力事业的彩钢雕塑高红色彩钢象征着电力事业的
红红火火整个广场的植物布局也同样采取中轴线对称的形式在强化轴线的同时体
现出植物景观的一种统一的和谐的美感方案二入口两侧绿化与街景相结合种植雪
松形成一道绿色屏障以雪松挺拔苍翠永不屈服的精神象征我厂发展前景的广阔雪
松下种植混播草坪并且用色叶植物组成凤舞的图案点缀其上配植一些红枫棕榈小
叶女贞以增加植物层次上的变化每到秋季青翠的棕榈红色的草花金黄色的银杏正
是丹黄朱翠为之幻景在前广场中心设计有旱喷泉采用电脑程控技术伴随着高山流
水遇知音的音乐喷泉则相对变化时而天女散花纷纷扬扬时而玉蝶飞舞时隐时现入
夜彩灯随着音乐变化或红或蓝或紫或绿如霞光万道姹紫嫣红五彩缤纷远看如琼台
仙阁近看疑是神仙瑶池使人目不暇接周边以植物造型来围合以四方形的造型代表
严谨的工作态度以由低到高立体三角形的造型代表我厂一步步业绩的飞跃以发散
型的射线代表电力事业向全国各地的辐射整体布局简洁美观办公楼后中心花园办
公楼后有较为开阔的休憩绿地空间被道路分隔为块绿地面积分别约为平方米为方
便职工休闲活动的需求将其设为一处交流休憩活动的公共活动空间以软质景观为
主人文景观与植物景观交相互应种植具有观赏性的各类乔木和绚丽夺目的花灌木
职工在工作之余也可散心漫步其间品味蕴涵深刻寓意的雕塑小品在心灵与精神上
得以净化方案一运用简约的设计构图手法主要以植物造景为主搭配适量的流畅园
路体现休闲功能的仿木花架木质坐凳等为职工提供休闲散步的地方使人在闲暇之
于养神蓄目绿林醉心简洁的空间形式既符合现代信息快捷高效的特点又蕴含了中
国传统空间的含蓄宁静方案二通过这种自然的曲线型路面和几何规矩形式的并置
冲突融合等方式引发职工的想象力和创造力创造出一个适合大众活动交流的空间
弯曲的流线型道路则给人以流动悠闲之感蜿蜒的小道则是将一个个设置好的小场

图 3－4

实训四

园林工程图符号、标注绘制

实训学时：6 学时
实训类型：验证
实训要求：必修

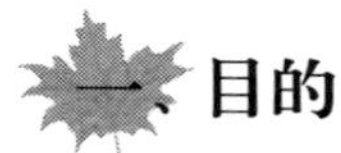

一、目的

绘制园林工程图纸时，为了方便查阅、说明情况或标示内容，需要用到专业符号和标注。本单元实训要求学生掌握各类符号与标注的尺寸要求、编号原则、线宽规范以及绘制方法和使用方法。为学生识图绘图奠定基础。

二、仪器与工具

三角板、圆模板、铅笔、针管笔、橡皮、塑料胶带等。

三、实训内容

(1) 绘制标准指北针。
(2) 绘制标高符号。

(3) 绘制引出标注。

(4) 绘制详图索引符号。

(5) 绘制定位轴线。

(6) 绘制剖切、断面符号。

四、实训方法和步骤

(1) 仔细阅读后页园林工程图纸(见图 4－10 至图 4－13),理解各图纸内容以及各图之间的相关联系。

(2) 在总平面图中按照规范绘制指北针、标高符号、索引符号,并找出总平面图中符号的错误,进行修改。

(3) 在各详图中绘制规范详图符号、引出标注、剖切断面符号。所有符号、标注的绘制需注意尺寸、位置、编号等方面的规范要求。

(4) 检查无误,采用正确型号的针管笔上墨线。

(5) 擦除铅笔印迹,完成图纸绘制工作。

五、知识要点

1. 绘制指北针

指北针国标绘制样式

细线线宽,直径 18—24 mm。

箭尾宽度为直径 1/8,箭头方标注“北”或 N(见图 4－1)。

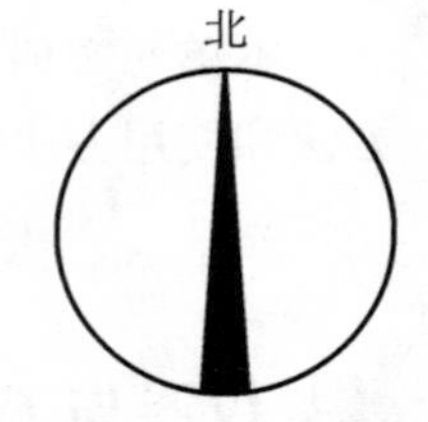

图 4－1　指北针

2. 绘制标高符号

标高符号分为建筑标高符号和总平面图标高符号。

建筑标高符号为空心直角等腰三角形,带箭尾(见图 4－2)。标高数字保留到小数点后三位。箭头尖端可朝上也可朝下。总平面图标高符号为实心直角等腰三角形,不带箭尾(见图 4－3)。标高数字保留到小数点后两位。箭头尖端朝下。

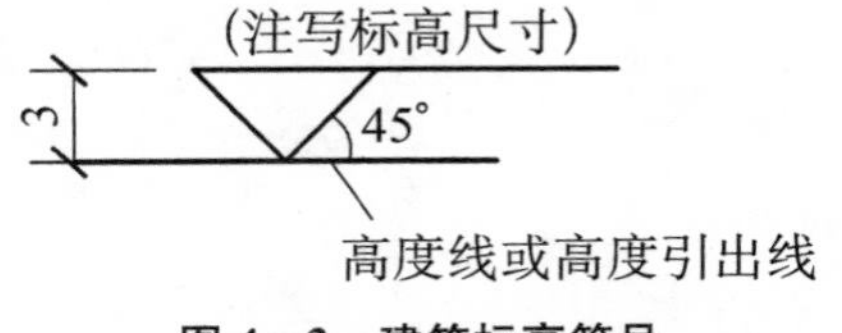

图 4－2　建筑标高符号

图 4－3　总平面图标高符号

3. 绘制引出标注

引出标注采用引出线进行注释。引出线为水平方向或与水平方向成30°、45°、60°、90°的细线。同时引出几个相同部分的引出线可相互平行或集中与一点。多层构造的引出线应通过被引出的各层，文字说明顺序应与构造顺序一致(见图4-4)。

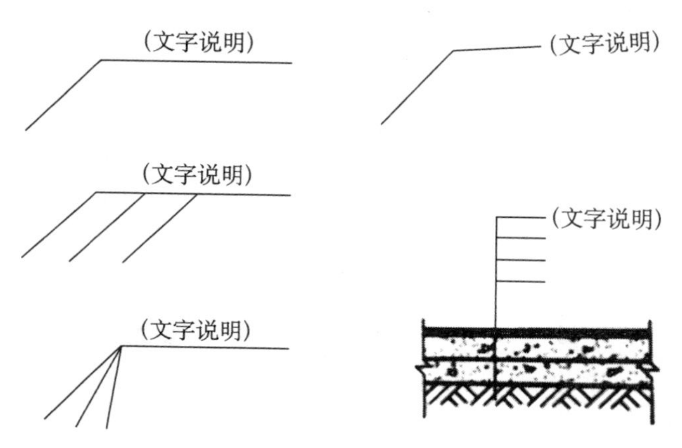

图4-4　引出线

4. 绘制索引符号

索引符号(见图4-5)的圆和引出线均应以细实线绘制，圆直径为10 mm。引出线应对准圆心，圆内过圆心画一水平线，上半圆中用数字注明该详图的编号，下半圆中用数字注明该详图所在图纸的图纸号。如果详图与被索引的图样在同一张图纸内，则在下半圆中间画一水平细实线。详图符号中(见图4-6)，详图编号应与索引符号编号一致。圆直径为14 mm。粗实线。

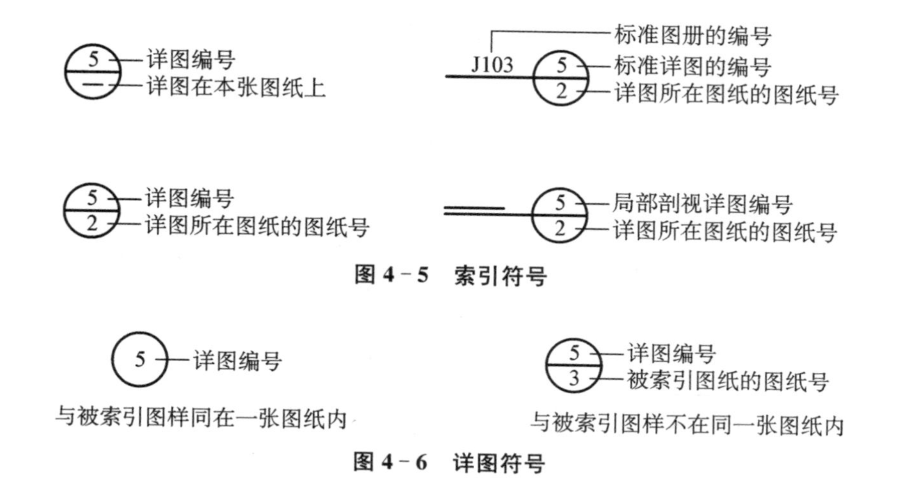

图4-5　索引符号

5 详图编号

与被索引图样同在一张图纸内

5 详图编号

3 被索引图纸的图纸号

与被索引图样不在同一张图纸内

图4-6　详图符号

5. 绘制定位轴线

定位轴线为细点划线，编号注写在轴线端部的圆内。圆直径8—10 mm，细实线，横向或横墙编号为阿拉伯数字，从左到右；竖向或纵墙编号用拉丁字母，自下而上。注意I、O、Z

不得作轴线编号，避免与 1、0、2 混淆。

6. 绘制剖切符号

剖切符号由剖切位置线、投影方向线和编号共同构成。用粗实线表示剖切位置，长度为 6—10 mm。投射方向线应垂直于剖切位置线，长度为 4—6 mm。编号注写在投影方向线一侧，用编号进行剖面图命名（见图 4－8）。

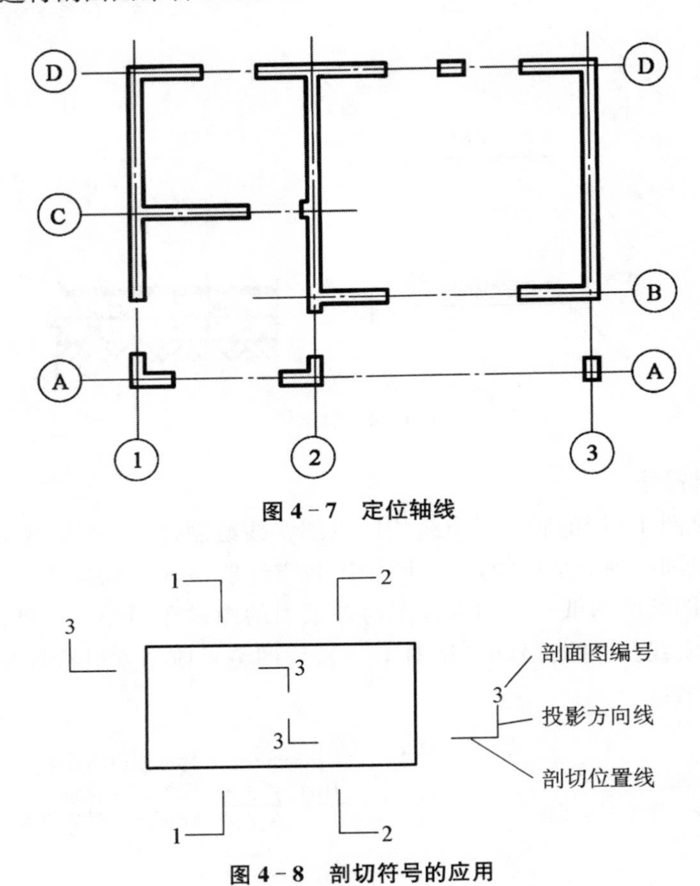

图 4－7　定位轴线

图 4－8　剖切符号的应用

7. 绘制断面符号

断面符号由断面位置线和编号共同构成。用粗实线表示剖切位置，长度为 6—10 mm。无投影方向线，用编号进行断面图命名（见图 4－9）。

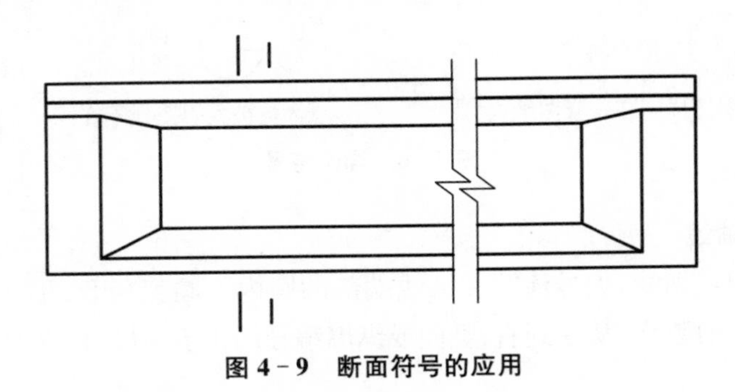

图 4－9　断面符号的应用

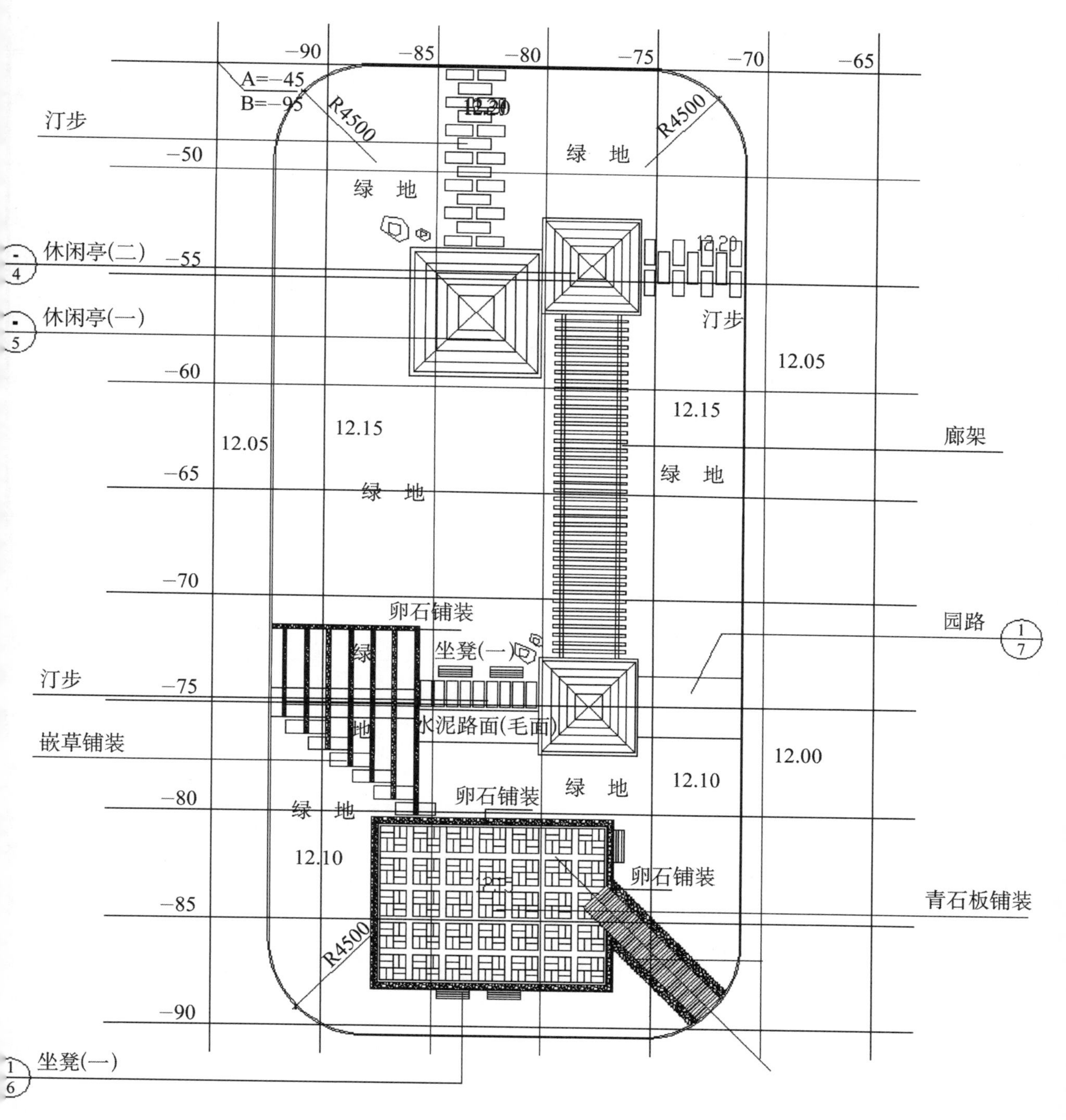

−90
−85
−80
−75
−70
−65
A=−45
B=−95
R4500
R4500
R4500
12.20
12.20
汀步
−50
绿　地
绿　地
休闲亭(二)
−55
休闲亭(一)
汀步
12.05
−60
12.15
12.15
12.05
廊架
−65
绿　地
绿　地
−70
卵石铺装
园路
坐凳(一)
汀步
−75
嵌草铺装
水泥路面(毛面)
12.00
绿　地
12.10
−80
卵石铺装
绿　地
12.10
卵石铺装
−85
青石板铺装
−90
坐凳(一)

图 4－10

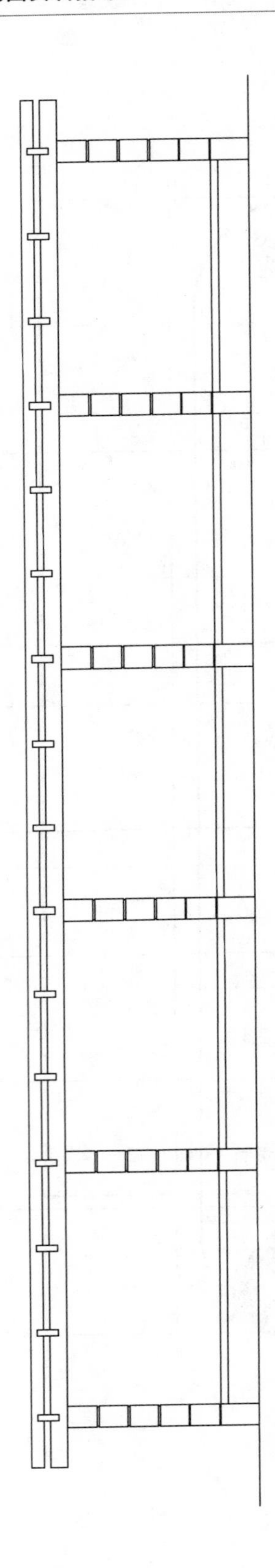

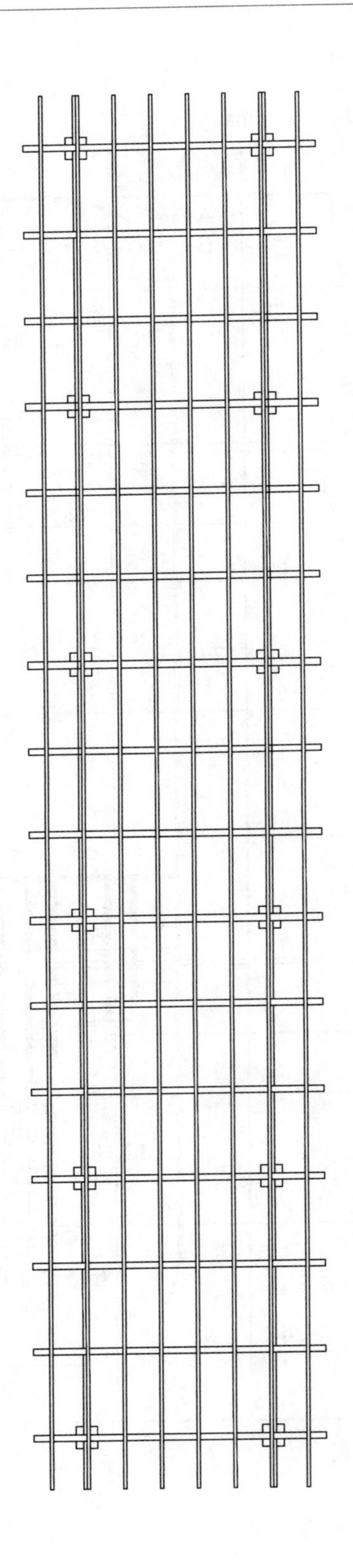

图 4－11

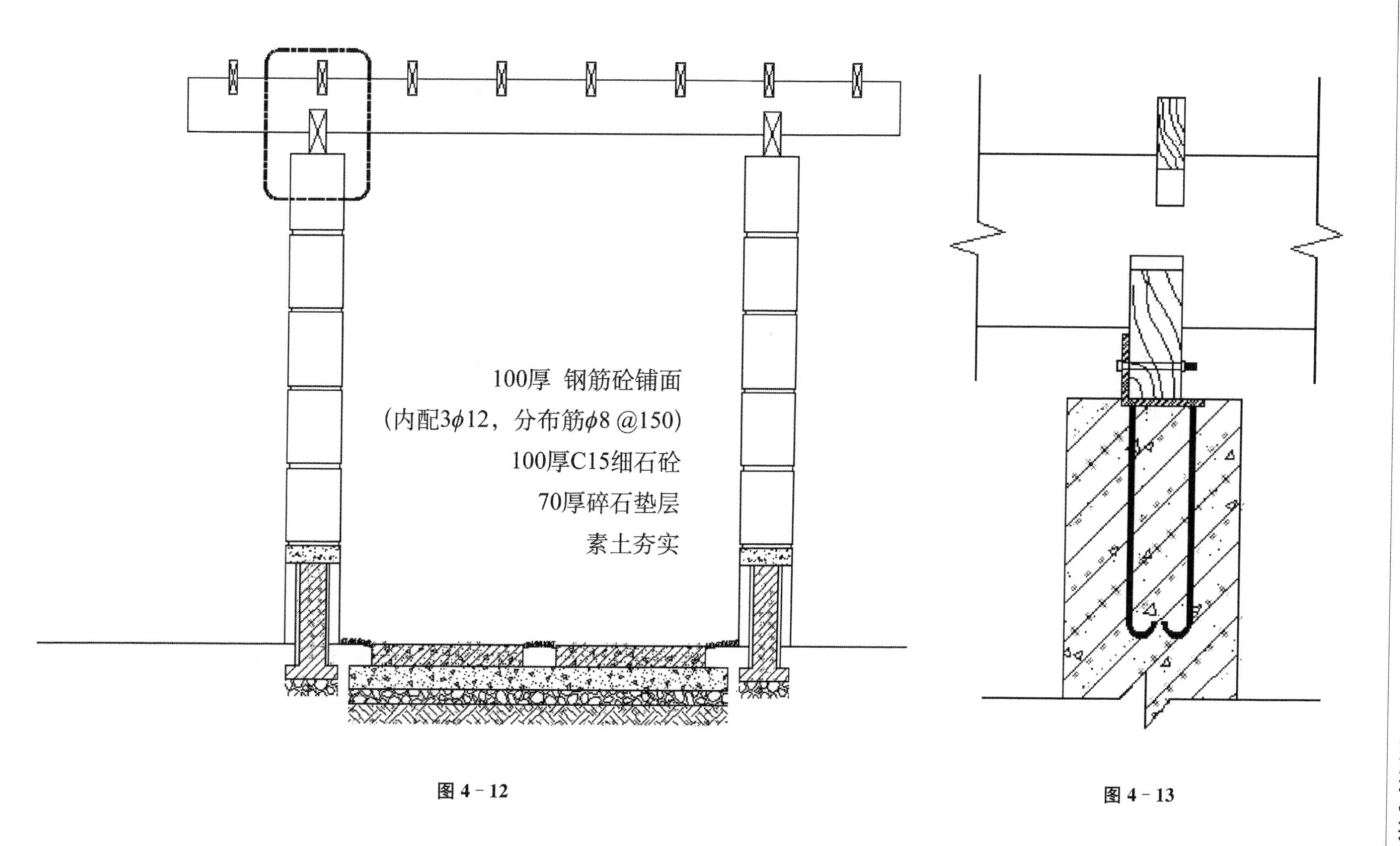

图 4－12

图 4－13

100厚 钢筋砼汀步

(内配3ϕ12，分布筋ϕ8 @150)

100厚C15细石砼

70厚碎石垫层

素土夯实

草地

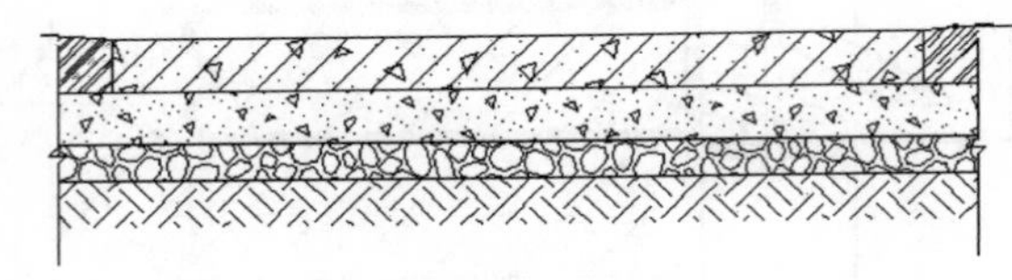

(a) 汀步剖面(1∶10)

ϕ30—50彩色卵石

30厚1:3水泥砂浆粘贴

100厚C15细石砼

70厚碎石垫层

素土夯实

30厚 600×300青石板

20厚1:3干硬性水泥砂浆

100厚C15细石砼

70厚碎石垫层

素土夯实

(b) 青石板铺装剖面(1∶10)

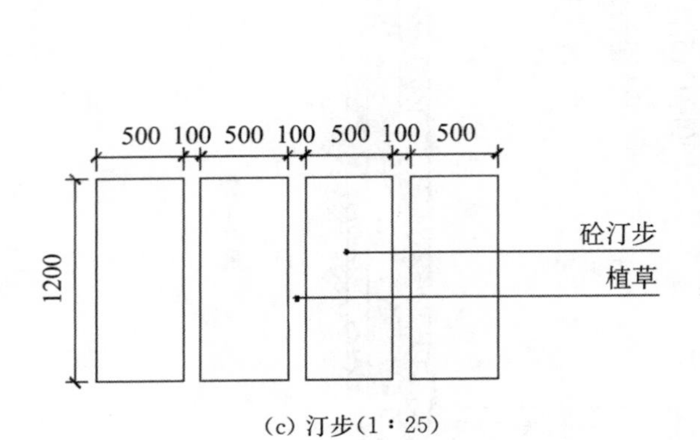

(c) 汀步(1∶25)

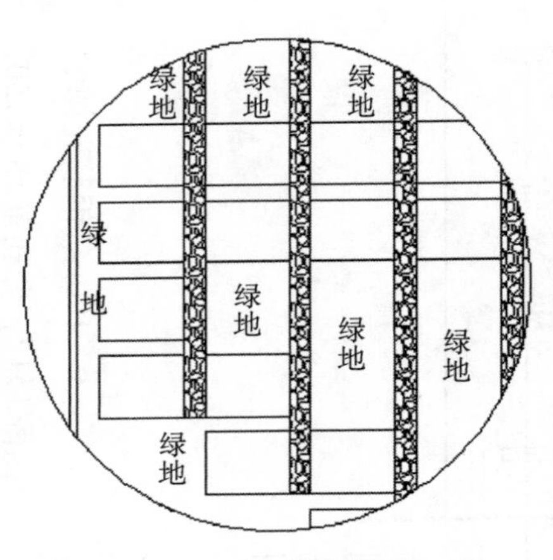

植草

砼汀步

卵石铺装

植草

砼汀步

(d) 嵌草铺装(1∶50)

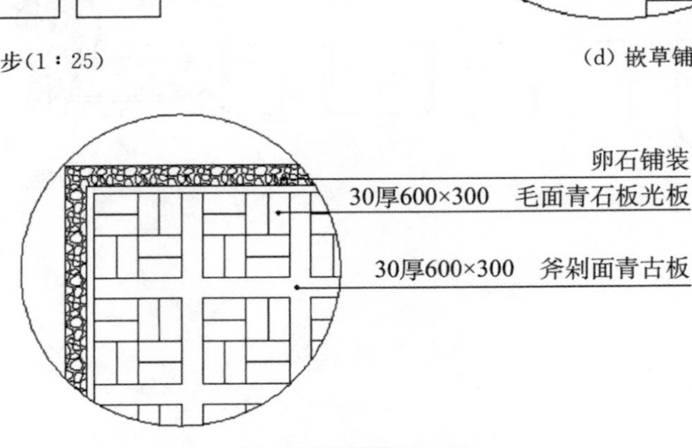

(e) 青石板铺装(1∶50)

图 4-14

实训五
尺寸标注练习

实训学时：3 学时
实训类型：验证
实训要求：必修

一、目的

园林工程图中采用尺寸标注，对长度、角度和弧度等数据进行标注。本单元实训要求学生掌握尺寸标注各组成部分的绘制规范、尺寸的排列与布局原则和尺寸标注的运用。

二、仪器与工具

绘图板、丁字尺、三角板、A3 硫酸纸一张、铅笔、针管笔、橡皮、塑料胶带等。

三、实训内容

对石桌凳立面图进行尺寸标注。

四、实训方法和步骤

(1) 校正并固定 A3 硫酸纸,绘制横版图框。

(2) 进行排版布局,选取适当位置抄绘石桌凳立面图(见图 5 - 1)。

(3) 铅笔打稿,对石桌凳立面尺寸进行标注,注意规范要求。

(4) 检查无误,采用正确型号的针管笔上墨线。

(5) 擦除铅笔印迹,完成图纸绘制工作。

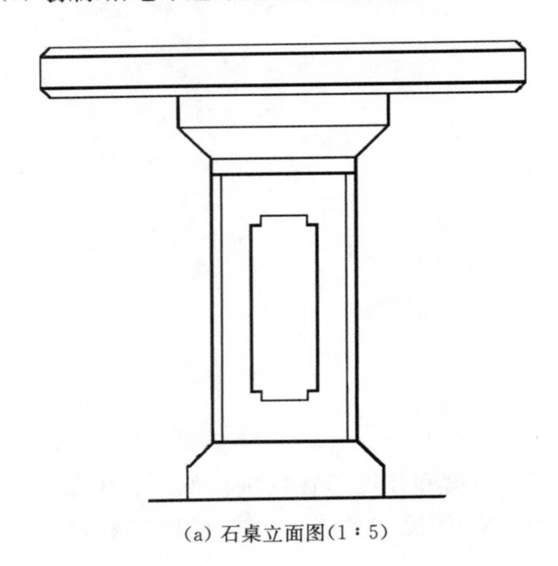

(a) 石桌立面图(1∶5)

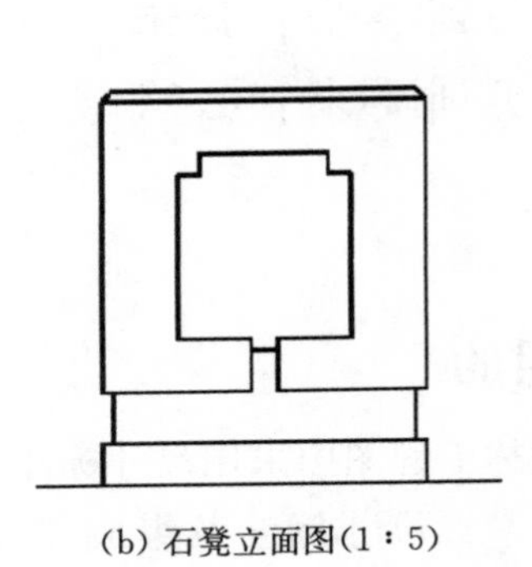

(b) 石凳立面图(1∶5)

图 5 - 1

五、知识要点

1. 尺寸线

尺寸线(表示所注尺寸的方向)为细实线,不超出尺寸界线。线性尺寸线必须与被标注的长度方向平行。距轮廓线距离不小于 10 mm,平行的两尺寸线的间隔一般为 7—10 mm。图形中任何图线都不得用作尺寸线。

2. 尺寸界线

尺寸界线(限定所注尺寸的范围)为细实线,从轮廓线或轴线引出。垂直于尺寸线,并超出约 2—3 mm。尺寸界线距离轮廓线约 2 mm。当连续标注尺寸时,中间的尺寸界线较短。轮廓线及中心线允许用作尺寸界线。

3. 尺寸起止符号

尺寸起止符号(表示尺寸的起止)一般为中粗斜短线,倾斜方向为尺寸界线顺时针旋转 45°,长度 2—3 mm。

4. 尺寸数字

尺寸数字(表示尺寸的大小)是物体的实际尺寸,它与绘图所用的比例无关。图样上的尺寸单位,除标高及总平面图以"米"为单位外,均必须以"毫米"为单位。应标注在尺寸线的上方,同一图样标注时方向必须一致。任何图线不得穿越尺寸数字,当不能避免时,必须断开图线保证数字清晰完整。同一张图纸内的所有尺寸数字要大小一致。注写尺寸数字时,如位置不够,可以引出注写。

5. 尺寸的排列与布置

相互平行的尺寸线应从被注写的图样轮廓线由近向远,小尺寸在内,大尺寸靠外整齐排列。总体尺寸的尺寸界线应靠近所指部位,中间的尺寸界线可稍短,但其长度要相等(见图 5-2)。

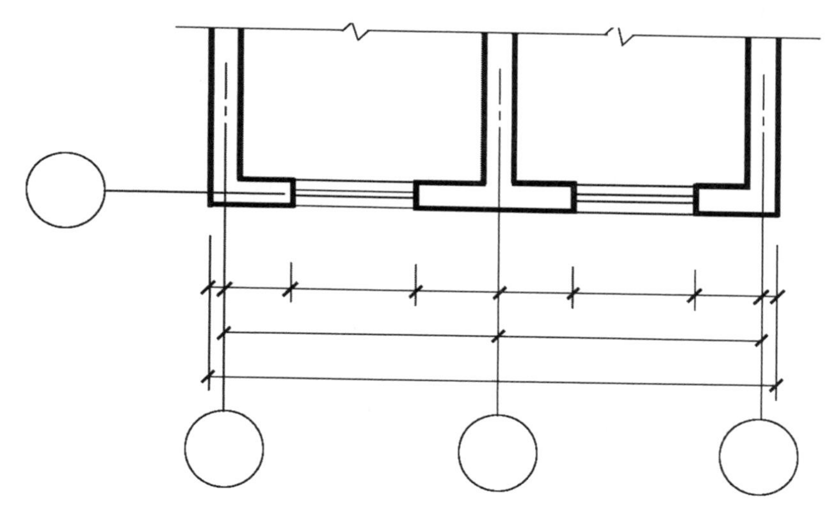

图 5-2　尺寸的排列与布置

实训六
园林植物平面图例抄绘

实训学时：6 学时
实训类型：验证
实训要求：必修

一、目的

植物是园林造景四大要素之一，在园林工程图纸绘制内容中占有较大比重。本单元实训要求学生掌握各类植物平面图例绘制方法、植物群落平面表达方法和植物平面图中阴影的表现方式。要求学生能默绘至少 40 种植物平面图例。

二、仪器与工具

绘图板、丁字尺、三角板、圆模板、A3 绘图纸张、铅笔、针管笔、橡皮、塑料胶带等。

三、实训内容

根据后面提供的园林植物平面图例资料，抄绘植物平面图。注意线条的排列与运用、点的疏密关系、阴影的绘制和植物群落效果的表现。课后注意收集、记忆植物平面图例并

坚持绘制练习。

四、实训方法和步骤

（1）校正并固定A3绘图纸，绘制横版图框。

（2）根据园林植物平面图例的内容进行排版布局，铅笔打稿，抄绘植物平面图例。

（3）检查无误，采用正确型号的针管笔上墨线。

（4）擦除铅笔印迹，完成图纸绘制工作。

五、知识要点

（1）单株乔木平面图例的绘制，中心圆点表示主干位置（植物种植点）。圆的直径大小表示树的冠幅大小（依比例绘制）。用各类图线绘制树形特征（包括叶片、枝干特征），分为轮廓型、分枝型、枝叶型、质感型四种类型。

（2）树群、绿篱、花镜、草坪等种植形式的平面表现用轮廓型植物图例进行组合或用图线勾绘植物种植范围。为丰富画面，可打点、加画叶斑效果、绘制阴影或进行图案填充。

（3）植物的搭配分为上、中、下多层次，平面表现时要注意植物间掩映遮挡，突出层次效果。

六、园林植物平面图例

园林植物平面图例见图6－1（资料来源于秋凌景观手绘资料）。

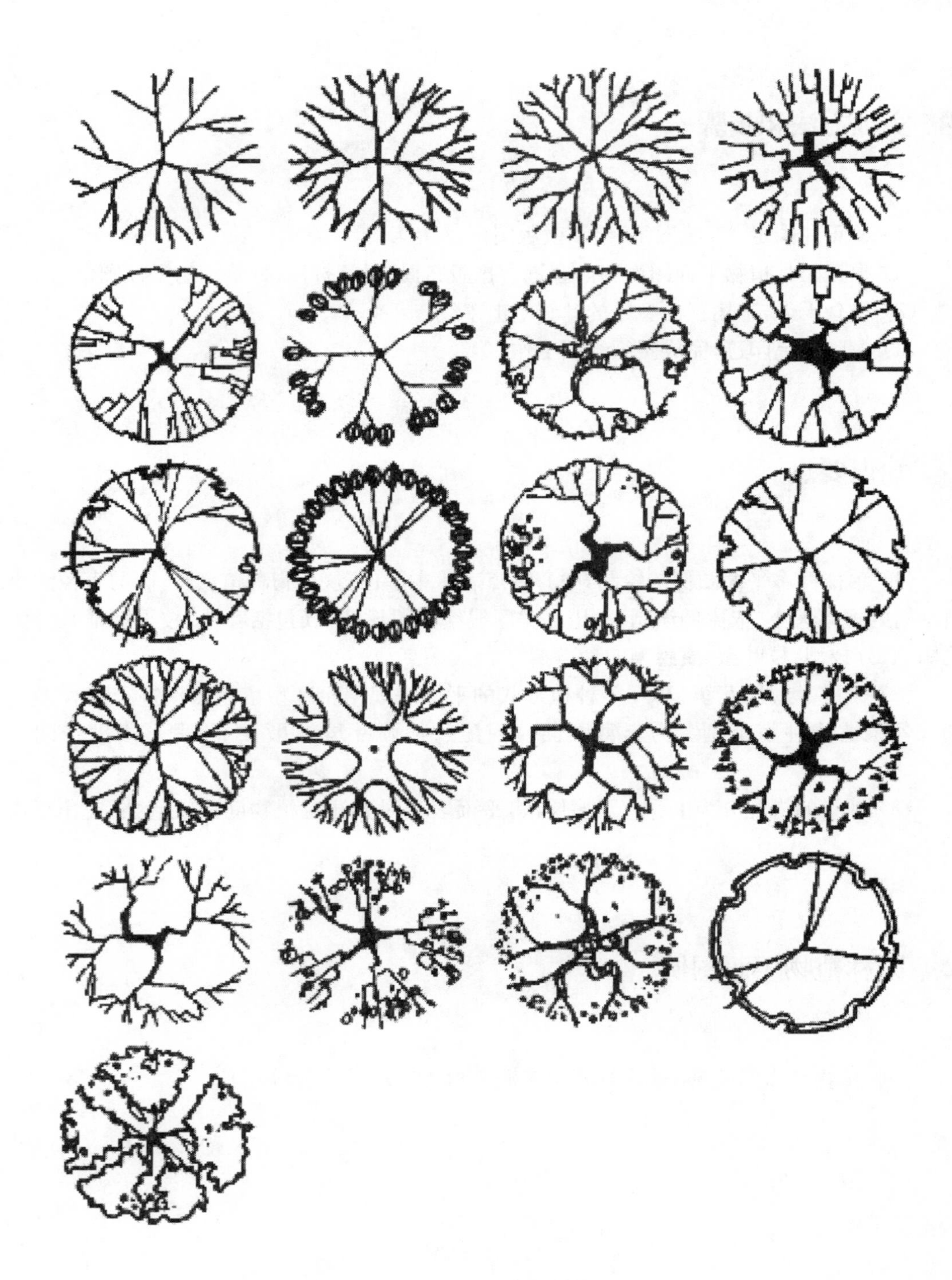

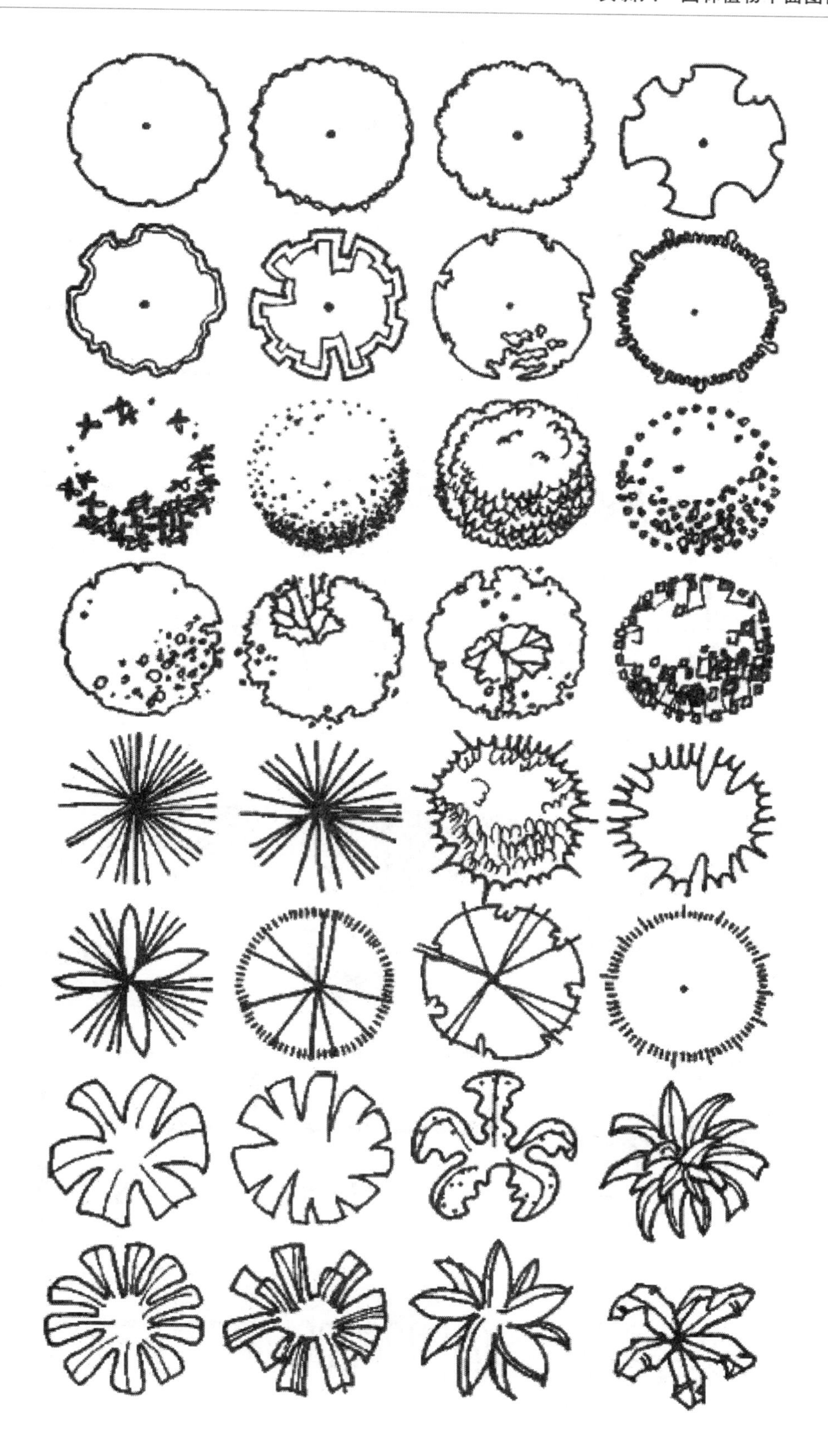

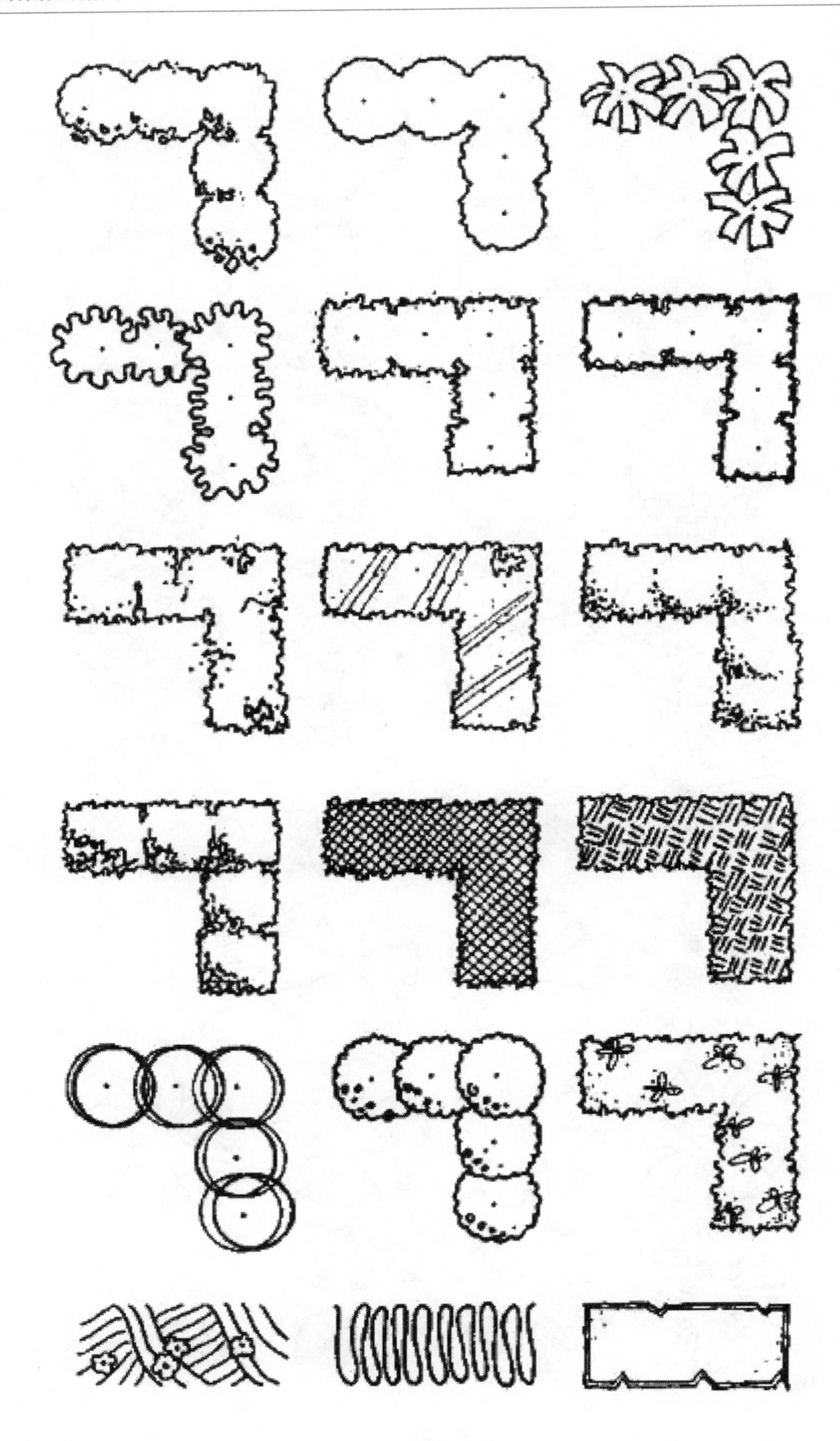

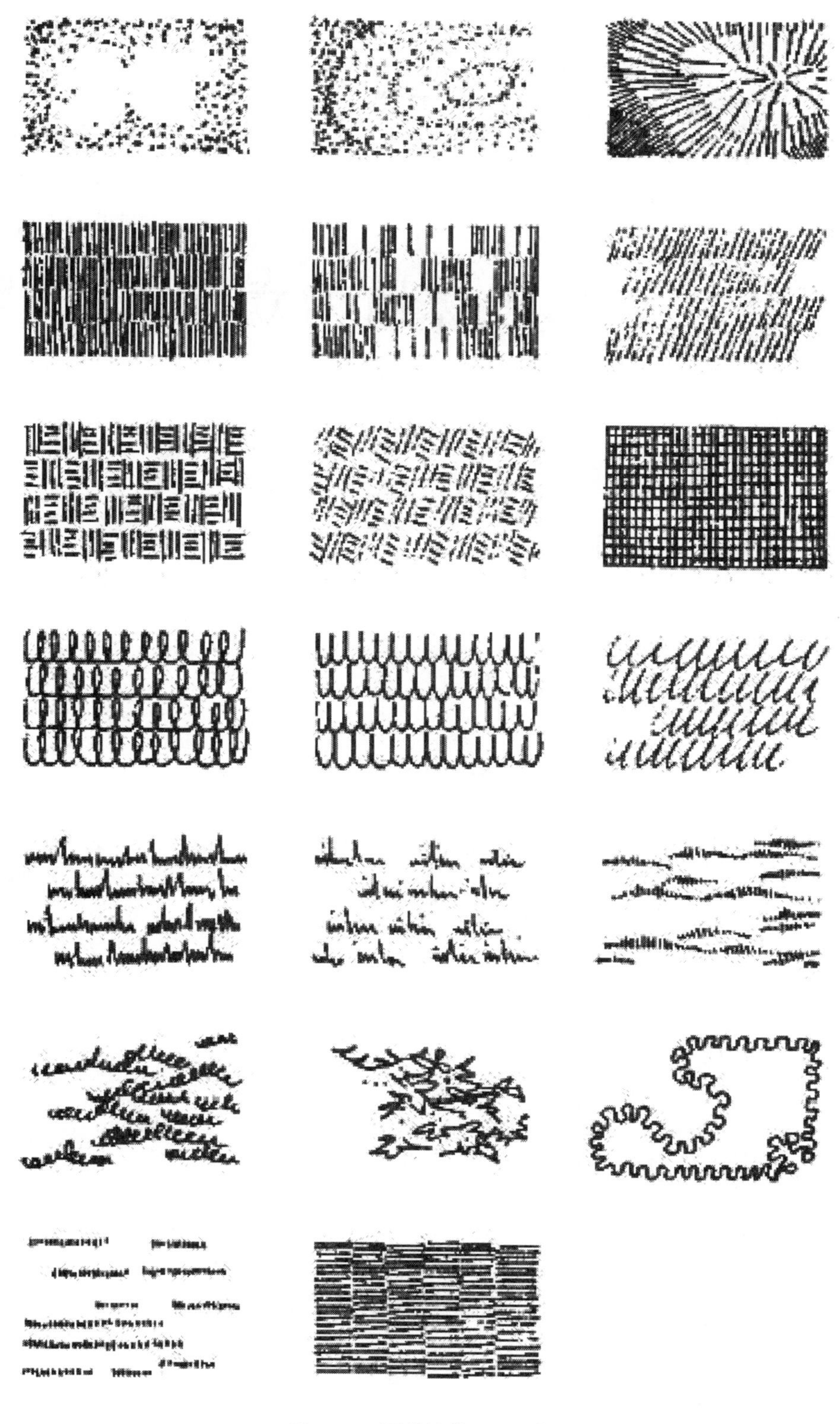

图 6－1　园林植物平面图例

实训七

园林植物立面图例抄绘

实训学时：3 学时

实训类型：验证

实训要求：必修

一、目的

除植物平面图例以外，植物立面图例的绘制也是园林及其相关专业学生需要具备的一项重要技能。本单元实训要求学生掌握各类植物立面图例绘制方法以及植物群落的立面表达方法。要求学生能默绘各类常见园林植物的立面图例。

二、仪器与工具

绘图板、丁字尺、三角板、A3 绘图纸两张、铅笔、针管笔、橡皮、塑料胶带等。

三、实训内容

根据后面提供的园林植物立面图例资料，抄绘植物立面图。注意树形、叶型、枝干分枝以及枝干纹理特点的表现。课后注意收集、记忆植物立面图例并坚持绘制练习。

四、实训方法和步骤

（1）校正并固定 A3 绘图纸，绘制横版图框。

（2）根据园林植物立面图例的内容进行排版布局，铅笔打稿，抄绘植物立面图例。

（3）检查无误，采用正确型号的针管笔上墨线。

（4）擦除铅笔印迹，完成图纸绘制工作。

五、知识要点

（1）植物立面的表现要求以写实的手法，高度概括、省略细节、强调轮廓。重点刻画树型、叶丛、枝干结构和树干纹理四方面特征。

（2）绘制步骤：确定树木的高宽比，根据树冠形态画出树型轮廓外框；用叶片近似线型，组合叶丛，修改轮廓；绘制分枝结构，绘制树干纹理，总体修改，体现明暗变化，突出体积感。

六、园林植物立面图例

园林植物装立面图例见图 7－1。（资料来源于秋凌景观手绘资料）。

图 7－1　园林植物立面图例

实训八
山石平立面图例抄绘

实训学时：3 学时
实训类型：验证
实训要求：选修

一、目的

山石要素的表现方法是园林工程图绘制工作中的一项重要技法。本单元实训要求学生通过抄绘山石平立面图例掌握园林常用石材的平立面特征、纹理样式以及绘制方法和线型线宽。

二、仪器与工具

绘图板、丁字尺、三角板、A3 绘图纸一张、铅笔、针管笔、橡皮、塑料胶带等。

三、实训内容

根据图 8－1 提供的山石平立面图例资料，抄绘各类山石图。注意石材形态特征、纹理样式和线型线宽。课后注意收集、记忆山石图例并坚持绘制练习。

四、实训方法和步骤

(1) 校正并固定 A3 绘图纸,绘制横版图框。

(2) 根据山石平立面图例的内容进行排版布局,铅笔打稿,抄绘山石图例。

(3) 检查无误,采用正确型号的针管笔上墨线。

(4) 擦除铅笔印迹,完成图纸绘制工作。

五、知识要点

(1) 山石的平、立面表现采用线条勾轮廓并刻画石材纹理特征。

(2) 轮廓线采用中粗线宽。石块面、纹理采用细线线宽。剖面断口轮廓线应用粗线线宽,剖切范围内可加斜纹线。

六、山石平立面图例

山石平立面例见图 8-1(资料来源于秋凌景观手绘资料)。

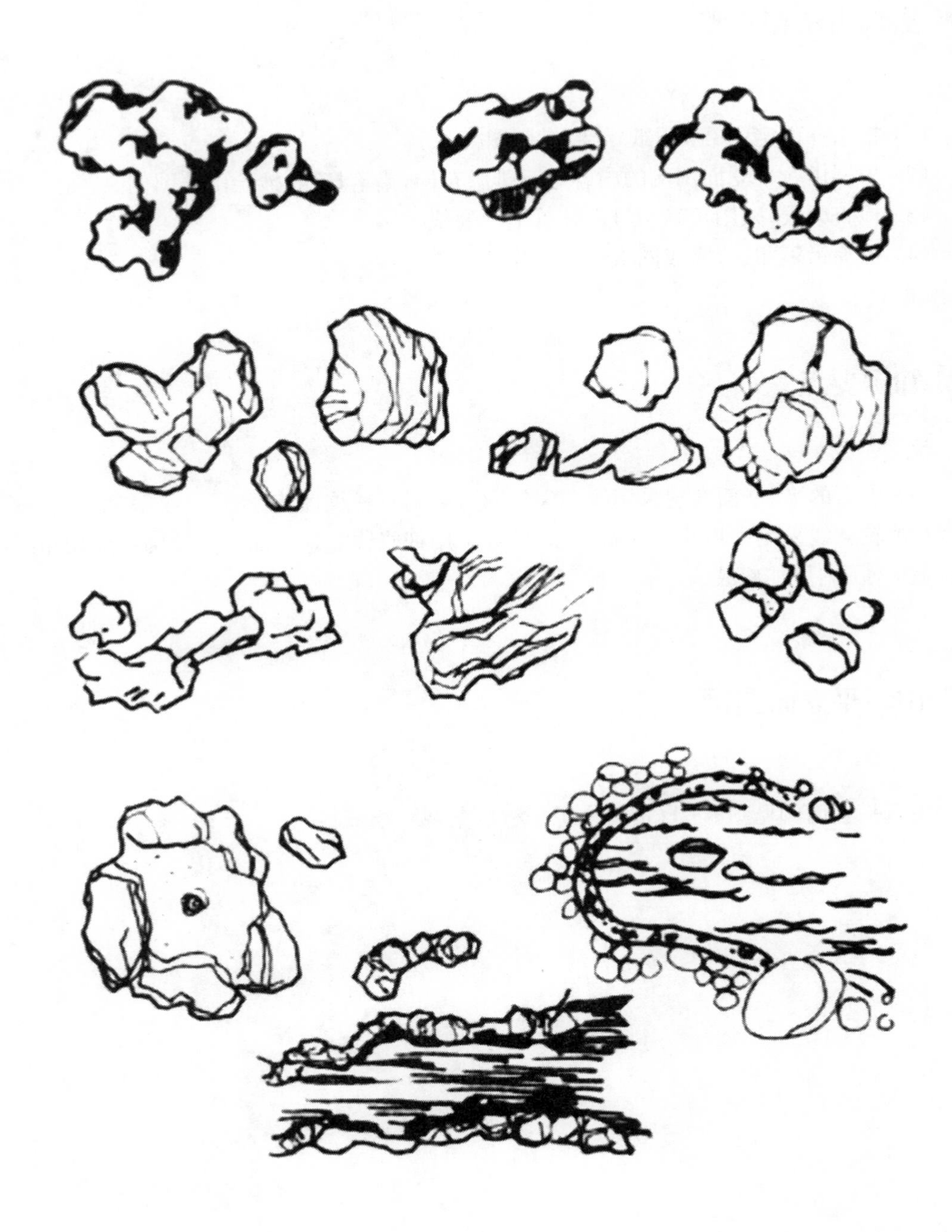

图 8-1　山石平立面图例

实训九

花池平立面图绘制

实训学时：6 学时
实训类型：验证
实训要求：选修

一、目的

园林小品是景观中重要要素。本单元实训要求学生通过园林小品平立面图绘制，培养空间想象力，掌握三视图的绘制方法、小品的平立面绘制内容、标注规范及方法和线宽要求。

二、仪器与工具

绘图板、丁字尺、三角板、圆模板、A3 绘图纸一张、铅笔、针管笔、圆规、橡皮、塑料胶带等。

三、实训内容

根据图 9-1 提供的花池图片资料，绘制花池平立面图。注意绘制内容、标注规范和

方法及线宽要求。掌握园林小品平立面图在绘图比例、图纸对应和标注内容等方面的要求。

四、实训方法和步骤

(1) 校正并固定 A3 绘图纸，绘制横版图框。
(2) 根据尺寸估算平立面图绘图范围，确定绘图比例。
(3) 排版布局，铅笔打稿，绘制花池平面图。
(4) 根据对应关系绘制花池立面图。
(5) 绘制植物配景，进行尺寸及名称标注，完善图名和图例注写。
(6) 检查无误，采用正确型号的针管笔上墨线。
(7) 擦除铅笔印迹，完成图纸绘制工作。

五、知识要点

1. 三视图绘制依据正投影的投影特性

(1) 真实性。与投影面平行的实形，其投影反映其真实性(实形性)。
(2) 积聚性。与投影面垂直的实形，其投影积聚为一点或一条直线。
(3) 类似性。倾斜于投影面的实形，其投影为原形的缩小类似形。

2. 三视图的关系

三视图彼此间具有对应关系。主视图与俯视图长对正(等长)，主视图与左视图高平齐(等高)，俯视图与左视图宽相等(等宽)。

3. 绘图要求

(1) 比例自定。
(2) 花池箱体(不含立柱)尺寸：750×600×600(小)；900×750×900(大)。距地面高度 100。池壁厚度 20。
(3) 立柱尺寸：100×80×800(小)；150×100×1 150(大)。
(4) 花池间居中对齐。
(5) 根据图 9-1 绘制花池池壁样式。自行配置花池中的植物，按规范要求进行绘制表达。

图 9-1　花池

实训十
补齐三视图

实训学时：3 学时
实训类型：验证
实训要求：必修

一、目的

在园林工程中采用三视图来准确表达物体，反映物体的形状、尺寸及相对位置。实际运用时往往采用平立面图交代物体三个轴向的尺寸及形状特征。本单元实训着重训练学生的空间想象力和分析力，要求学生能分析读懂物体平立面图，构建物体空间形态，并能根据已知视图绘制补齐三视图。

二、仪器与工具

绘图板、丁字尺、三角板、圆模板、A3 绘图纸一张、铅笔、针管笔、圆规、橡皮、刀片、塑料胶带等。

三、实训内容

根据图 10－1 的资料，对已知(a)(b)两个视图进行读图，分析对应关系，构建物体空间形态，在图纸中抄绘已知视图，并补齐第三个视图。注意尺寸标注、绘图规范和图纸布局。

四、实训方法和步骤

(1) 校正并固定 A3 绘图纸，绘制横版图框。

(2) 用铅笔抄绘图 10 - 1 的已知两个视图，注意平面布局。

(3) 分析对应关系，补齐三视图，进行尺寸标注。

(4) 检查无误，采用正确型号的针管笔上墨线。

(5) 擦除铅笔印迹，完成图纸绘制工作。

五、知识要点

(1) 读图，分析已知两个视图中各线段代表的含义。

(2) 将已有的两个视图按所在位置进行拼接，组合起来思考物体的整体形态。找到对应的关系。

(3) 根据投影特性及各视图的对应关系进行补齐三视图。

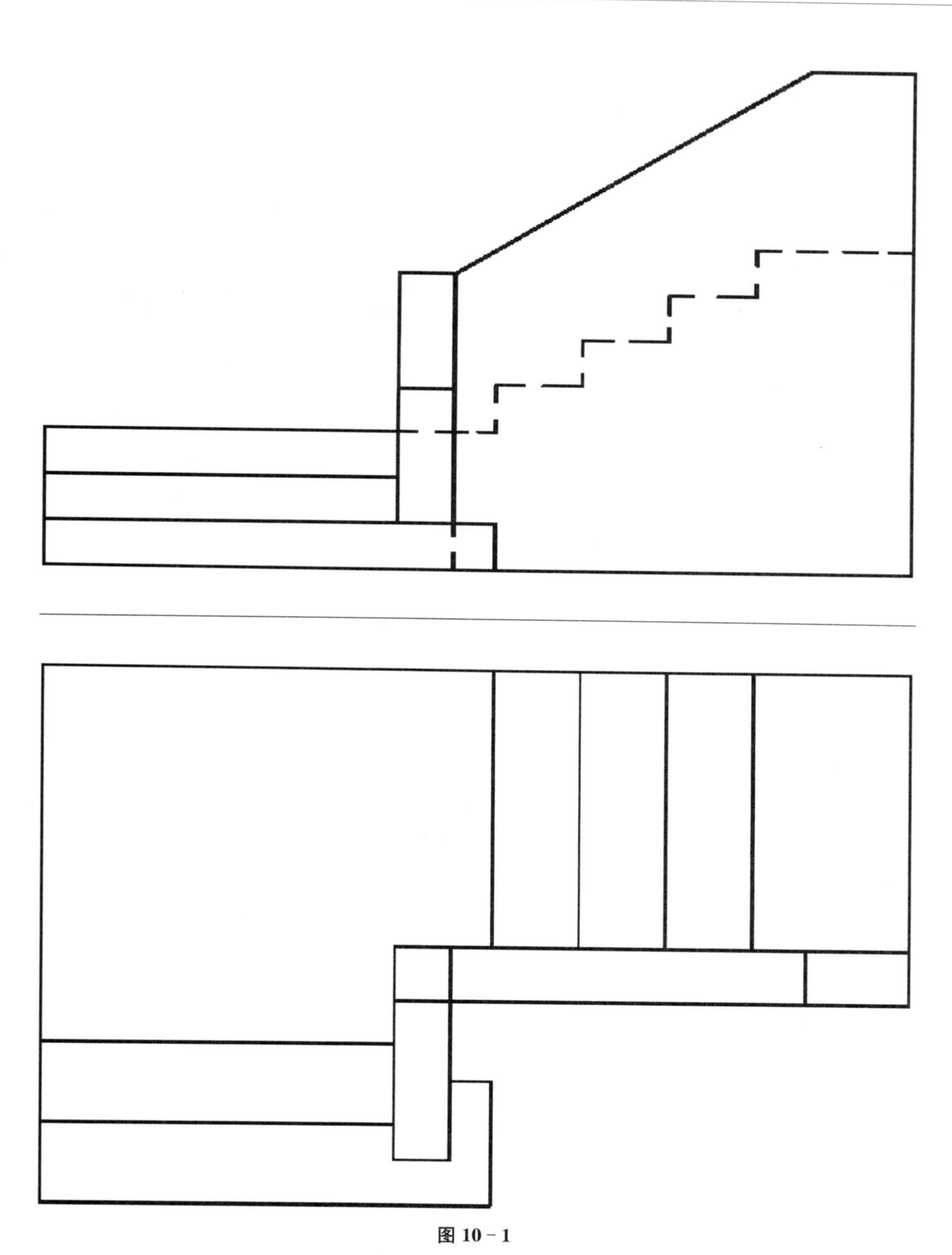

图 10－1

实训十一
楼梯剖面图绘制

实训学时：6 学时
实训类型：验证
实训要求：选修

一、目的

园林工程中，剖面图通常用来反映场景或要素的内部结构、材质、高程变化及位置关系，是一类重要的图纸表现形式，在园林工程中被广泛运用。绘制剖面图需要对物体或场景进行剖切并投影，本单元实训要求学生掌握场景剖切方法，学会选择剖切位置并用剖切符号进行标注，掌握剖面图的绘制规范和断面材质的表示方法。

二、仪器与工具

绘图板、丁字尺、三角板、A3 绘图纸一张、铅笔、针管笔、圆规、橡皮、刀片、塑料胶带等。

三、实训内容

对实训十中的转角楼梯进行剖切，绘制两个剖面图。要求一个剖面图为直剖，剖切平

台及较高段的台阶，并向扶手方向投影。第二个剖面图为转角剖切，两段台阶均需要进行剖切，并向扶手方向投影。注意转角剖切符号的绘制方法和剖面图绘图规范。

四、实训方法和步骤

(1) 校正并固定A3绘图纸，绘制横版图框。
(2) 确定绘图比例，估算两个剖面图的绘图范围，进行排版布局。
(3) 确定两个剖面图的剖切位置，并在上一次作业的平面图中进行剖切符号标注。
(4) 根据剖切符号，铅笔打稿绘制剖面图。
(5) 检查无误，采用正确型号的针管笔上墨线。
(6) 擦除铅笔印迹，完成图纸绘制工作。

五、知识要点

(1) 剖面图是指利用假想剖切面将对象剖开，移去靠近观察者的部分，按标注方向对剩余部分进行正投影所得到的投影图。

(2) 剖切最好贯通平面图的全宽或全长。可进行转折剖切，但最多转一次。

(3) 断口轮廓线用粗线绘制，被切到部分用填充图案表示材质。

表11-1　常用材料断面符号

序号	名　称	图　例	备　　注
1	自然土壤		包括各种自然土壤
2	夯实土壤		
3	砂、灰土		靠近轮廓线绘较密的点
4	砂砾石、碎砖三合土		
5	石材		
6	毛石		

（续表）

序号	名　称	图　例	备　　注
7	普通砖		包括实心砖、多孔砖、砌块等砌体。断面较窄不易绘出图例线时，可涂红。
8	耐火砖		包括耐酸砖等砌体
9	空心砖		指非承重砖砌体
10	饰面砖		包括铺地砖、马赛克、陶瓷锦砖、人造大理石等
11	焦渣、矿渣	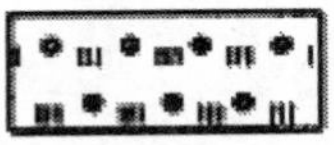	包括与水泥、石灰等混合而成的材料
12	混凝土	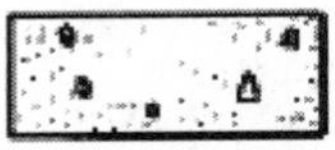	(1) 本图例指能承重的混凝土及钢筋混凝土 (2) 包括各种强度等级、骨料、添加剂的混凝土 (3) 在剖面图上画出钢筋时，不画图例线 (4) 断面图形小，不易画出图例线时，可涂黑
13	钢筋混凝土		
14	多孔材料		包括水泥珍珠岩、沥青珍珠岩、泡沫混凝土、非承重加气混凝土、软木、蛭石制品等
15	纤维材料		包括矿棉、岩棉、玻璃棉、麻丝、木丝板、纤维板等
16	泡沫塑料材料	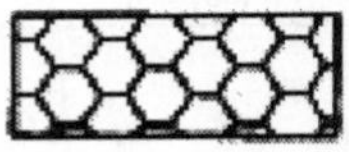	包括聚苯乙烯、聚乙烯、聚氨酯等多孔聚合物类材料
17	木材	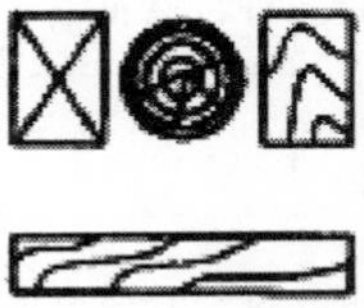	(1) 上图为横断面，上左图为垫木、木砖或木龙骨： (2) 下图为纵断面
18	胶合板		应注明为 x 层胶合板
19	石膏板	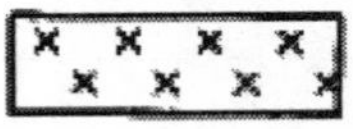	包括圆孔、方孔石膏板、防水石膏板等
20	金属		(1) 包括各种金属 (2) 图形小时，可涂黑

实训十二
楼梯断面图绘制

实训学时：3 学时
实训类型：验证
实训要求：选修

一、目的

断面图也是一种重要的园林工程图，通常表现物体内部构造。它与剖面图的不同之处在于断面图只绘制剖切到的内容，不用进行投影。本单元实训要求学生掌握断面图与剖面图的区别，能正确使用和区分断面图与剖面图，能正确绘制断面符号进行标注。

二、仪器与工具

绘图板、丁字尺、三角板、A3 绘图纸一张、铅笔、针管笔、圆规、橡皮、刀片、塑料胶带等。

三、实训内容

对实训十中的转角楼梯进行剖切，绘制两个断面图。要求分别剖切两段台阶。注意断面图的绘制方法、规范和断面符号的使用。比较剖面图与断面图的区别。

四、实训方法和步骤

(1) 校正并固定 A3 绘图纸,绘制横版图框。

(2) 确定绘图比例,估算两个断面图的绘图范围,进行排版布局。

(3) 确定两个断面图的剖切位置,并在实训十作业的平面图中进行断面符号标注。

(4) 根据断面符号,铅笔打稿绘制断面图。

(5) 检查无误,采用正确型号的针管笔上墨线。

(6) 擦除铅笔印迹,完成图纸绘制工作。

五、知识要点

1. 绘制断面图

利用假想剖切面剖开物体后,仅画出该剖切面与物体接触部分的正投影,所得的图形称为断面图。

2. 断面图与剖面图的区别

(1) 断面图只画出被剖开后断面的投影,而剖面图要画出被剖开后整个余下部分的投影。

(2) 符号的标注不同。断面符号只画出剖切位置线,不画投影方向线。

(3) 剖面图中的剖切平面可转折,断面图中的剖切平面不可转折。

实训十三

园林小品轴测图绘制

实训学时：6 学时
实训类型：验证
实训要求：选修

一、目的

轴测图有较好的直观性和立体感，且具有能度量尺寸、作图简单、易于掌握等特点，是一种表现物体或场景效果的绝佳方式。本单元实训要求学生掌握轴测图的分类、常用轴测图的基本参数及轴测图的绘制方法和步骤。

二、仪器与工具

绘图板、丁字尺、三角板、A3 绘图纸两张、铅笔、针管笔、圆规、橡皮、刀片、塑料胶带等。

三、实训内容

绘制实训九中花池的正等测、正二测、水平斜等测和正面斜二测轴测图。比较四种不同类型轴测图成图效果的区别，学会选择适合的轴测图类型进行效果表达。

四、实训方法和步骤

(1) 校正并固定 A3 绘图纸,绘制横版图框。

(2) 确定绘图比例,估算四个轴测图的绘图范围,进行排版布局。

(3) 根据轴测图类型,确定轴间角及轴向变化率。

(4) 按步骤用铅笔绘制四个轴测图。

(5) 检查无误,采用正确型号的针管笔上墨线。

(6) 擦除铅笔印迹,完成图纸绘制工作。

五、知识要点

1. 轴测轴

坐标轴在轴测投影面上的投影称为轴测轴。

(1) 轴间角。轴测轴间的夹角叫做轴间角。

(2) 轴向变化率。坐标轴向线段的投影长度与实际长度之比值。以 p、q、r 分别代表 x、y、z 轴向的变化率。

2. 正等测图

投影方向垂直于投影面,且三个轴向变化率相等的轴测图称为正等测图。$p=q=r=1$,三个轴间角为 $120°$。

3. 正二测图

投影方向垂直于投影面,且两个轴向变化率相等的轴测图称为正二测图。$p=r=1$ $q=0.5$,$\angle x_1O_1z_1=97°$ $\angle y_1O_1z_1=132°$。

4. 水平斜等测图

投影方向倾斜于投影面,且三个轴向变化率相等的轴测图称为水平斜等测图。

$p=q=r=1$,$\angle x_1O_1y_1=90°$ $\angle x_1O_1z_1$ 通常取 $120°$

5. 正面斜二测图

投影方向倾斜于投影面,且两个轴向变化率相等的轴测图称为正面斜二测图。$p=r=1$ $q=0.5$,$\angle x_1O_1z_1=90°$ $\angle y_1O_1z_1$ 通常取 $135°$。

6. 轴测图的绘制

轴测图的绘制采用坐标法,根据物体(或视图)上各特征点,在直角坐标系的坐标位置,应用轴测图的平行性和度量性,在轴测图中找出每一特征点相应的位置,连接各点,即得轴测图。

实训十四

景园轴测图绘制

实训学时：3 学时
实训类型：验证
实训要求：必修

一、目的

景园中的自由曲线或圆，无法利用平行性作图，所以需要借助方格网进行坐标定位，确定特征点位置，完成轴测图绘制。本单元实训要求学生掌握景园轴测图的网格绘制方法和制图步骤，学习软质景观在轴测图中的绘制方法。

二、仪器与工具

绘图板、丁字尺、三角板、A3 绘图纸一张、铅笔、针管笔、圆规、橡皮、刀片、塑料胶带等。

三、实训内容

根据图 14－1 提供的资料绘制景园正等测轴测图。注意曲线与圆的绘制方法和软质景观的表达。

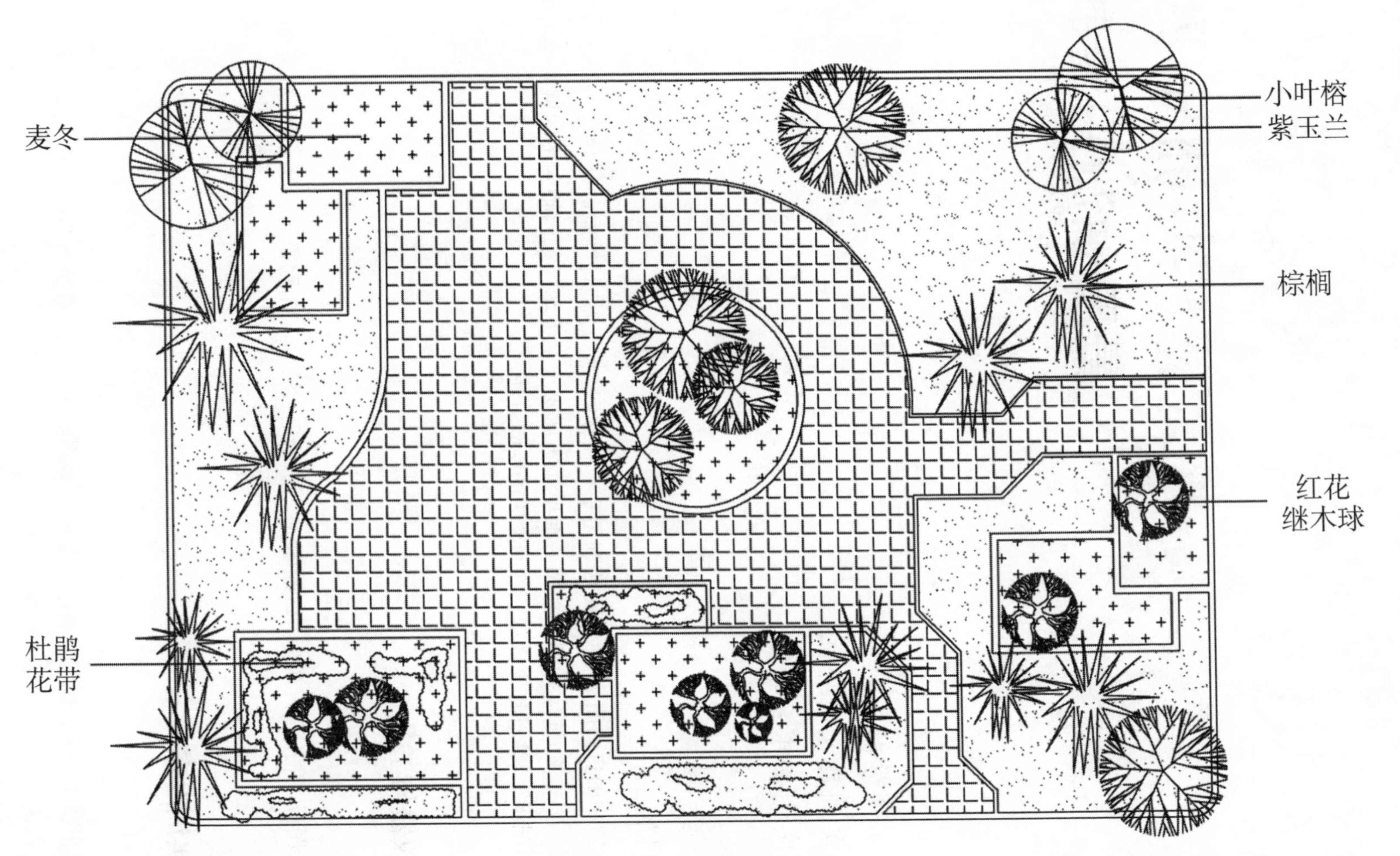

图 14－1　小游园平面图(1∶200)

四、实训方法和步骤

（1）校正并固定 A3 绘图纸，绘制横版图框。

（2）在景园平面图上打上合适方格网。

（3）根据制图比例和轴测图类型，在图纸适当位置布置轴测轴。

（4）按步骤用铅笔绘制该景园轴测图。

（5）检查无误，采用正确型号的针管笔上墨线。

（6）擦除铅笔印迹，完成图纸绘制工作。

五、知识要点

（1）在景园规划图上绘制方格网。

（2）画轴测轴。

（3）在轴测轴平面夹角范围内绘制与平面图一致的方格网，找到对应关系。

（4）根据平面图特征点与方格网的坐标位置，将特征点绘制到轴测图网格中（先画硬质景观，再画软质景观）。

（5）立高。

（6）上墨线。

实训十五

道路一点透视图绘制

实训学时：3 学时
实训类型：验证
实训要求：选修

一、目的

透视图用于表现场景效果，有一点、两点和三点透视三种类型。本单元实训要求学生掌握一点透视图绘制方法，学习确定透视制图的站点位置、画面位置和视高。

二、仪器与工具

绘图板、丁字尺、三角板、A3 绘图纸一张、铅笔、针管笔、圆规、橡皮、刀片、塑料胶带等。

三、实训内容

根据图 15－1 提供的资料，绘制该道路景观一点透视效果图。

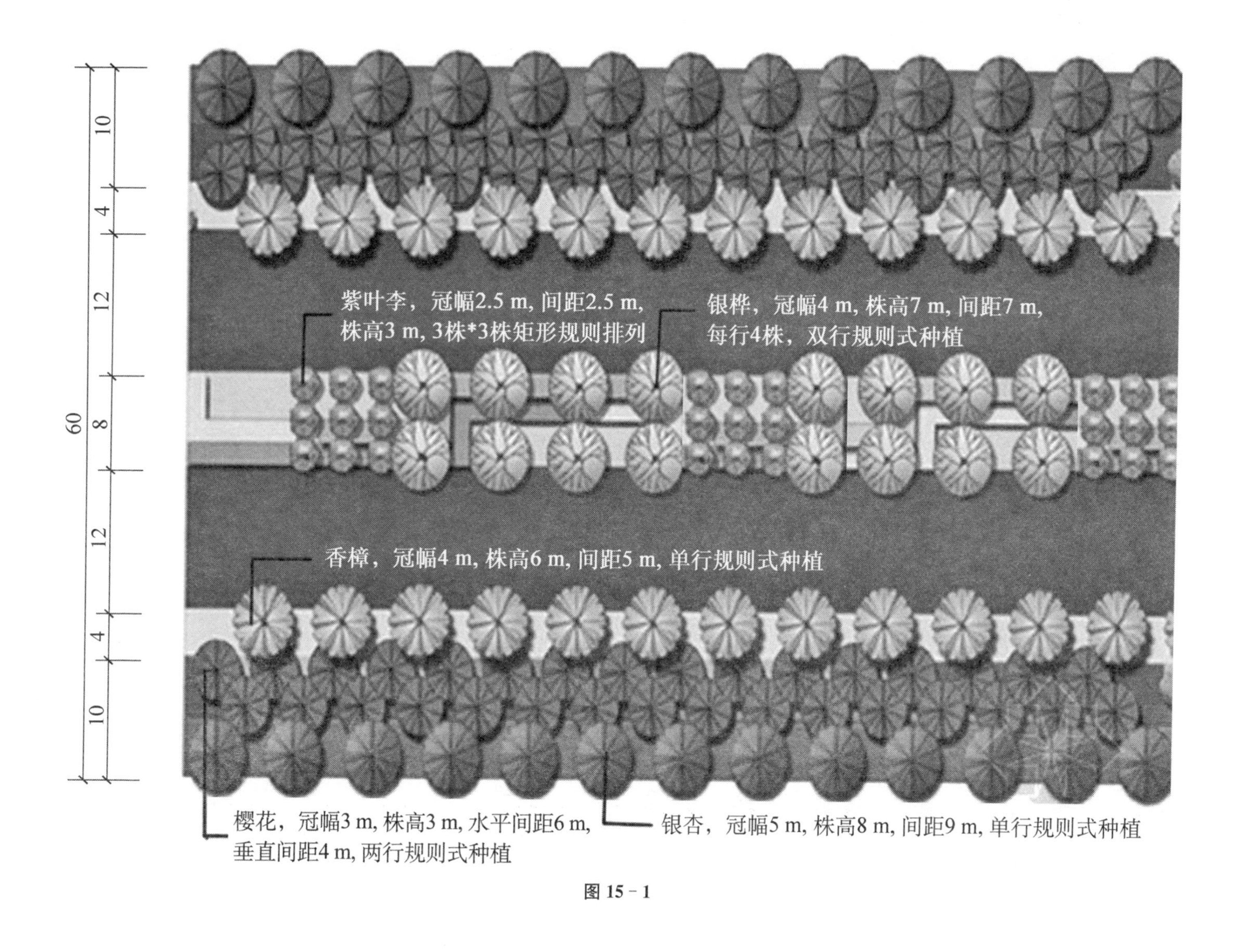
紫叶李，冠幅2.5 m，间距2.5 m，
株高3 m，3株*3株矩形规则排列
银桦，冠幅4 m，株高7 m，间距7 m，
每行4株，双行规则式种植
香樟，冠幅4 m，株高6 m，间距5 m，单行规则式种植
樱花，冠幅3 m，株高3 m，水平间距6 m，
垂直间距4 m，两行规则式种植
银杏，冠幅5 m，株高8 m，间距9 m，单行规则式种植
10
4
12
8
12
4
10
60

图 15－1

四、实训方法和步骤

（1）校正并固定 A3 绘图纸，绘制横版图框。

（2）确定一点透视视点位置、视距和画面位置，并在平面图中标示清楚。

（3）根据制图比例，在图纸适当位置布置 h、g、p 线和站点 s。

（4）绘制道路景观基透视。

（5）根据立面尺寸进行立高，完成一点透视绘制。

（6）检查无误，采用正确型号的针管笔上墨线。

（7）擦除铅笔印迹，完成图纸绘制工作。

五、知识要点

（1）站点通常位于画面宽度 1/3 位置，视距大约是画面宽度的 1.5—2 倍。

（2）视高的确定取决于绘制效果，平视视高大约 1.5—1.8 m，鸟瞰需提高视平线，但视角不能大于 60°，仰视需要降低视平线。都应注意避免视平线与物体某水平面同高。

（3）一点透视的画面应与物体某一平面平行。

实训十六
建筑两点透视图绘制

实训学时：3 学时
实训类型：验证
实训要求：必修

一、目的

本单元实训要求学生掌握两点透视图绘制方法，比较视线法和网格法两种不同的制图方法。

二、仪器与工具

绘图板、丁字尺、三角板、A3 绘图纸一张、铅笔、针管笔、圆规、橡皮、刀片、塑料胶带等。

三、实训内容

根据图 16 - 1 提供的资料，绘制该建筑的两点透视图，并为图添加适合的植物等配景，完善整个效果图。

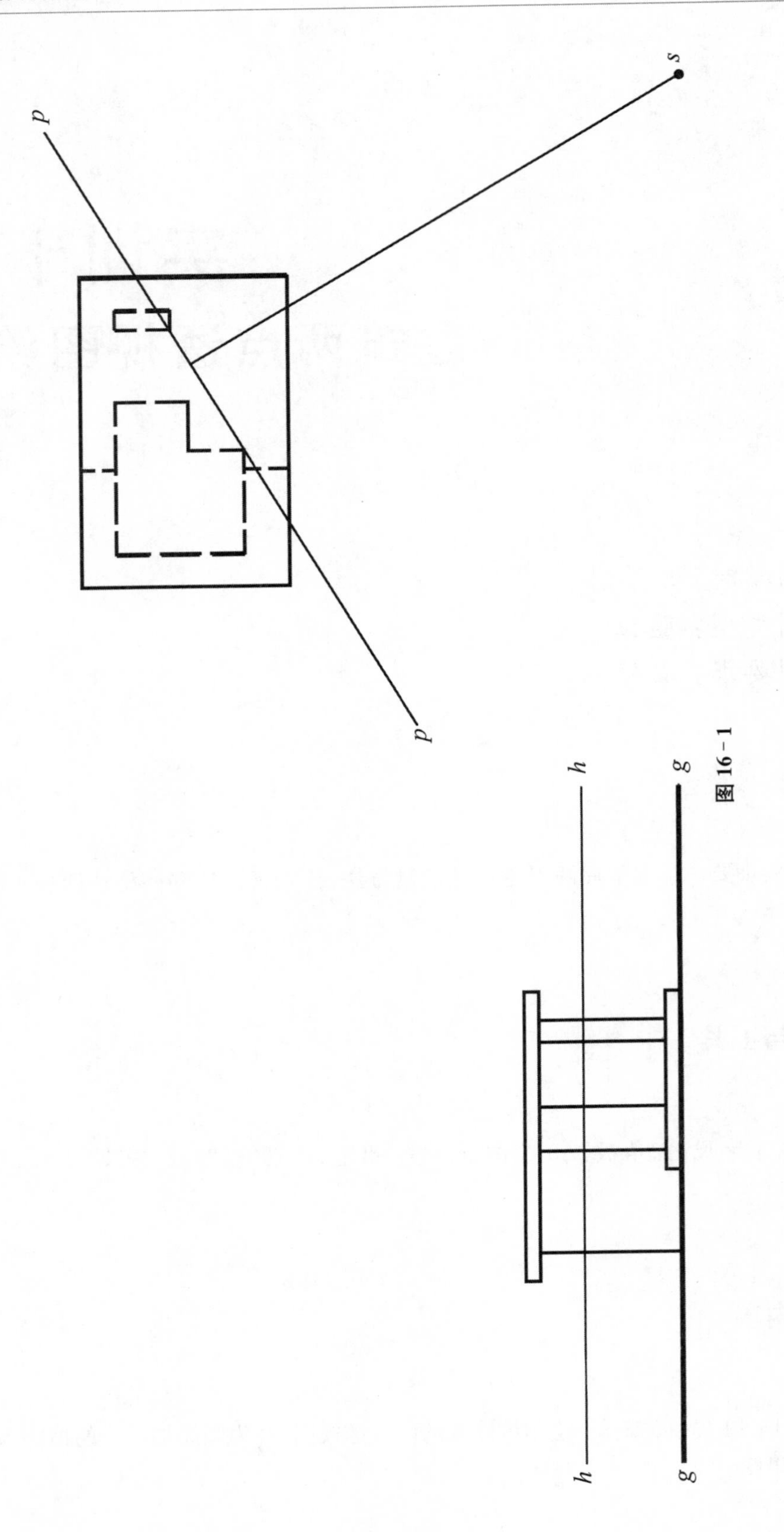

图 16-1

四、实训方法和步骤

(1) 校正并固定 A3 绘图纸,绘制横版图框。

(2) 确定两点透视视点位置、视距和画面位置,并在平面图中标示清楚。

(3) 在建筑平面图打上适当大小的方格网。

(4) 根据制图比例,在图纸适当位置布置 h、g、p 线和站点 s。

(5) 绘制基面方格网,将平面图中特征点对应到基面方格网中完成基透视绘制。

(6) 根据立面尺寸进行立高,完成两点透视绘制。

(7) 根据建筑透视关系,添加适当配景。

(8) 检查无误,采用正确型号的针管笔上墨线。

(9) 擦除铅笔印迹,完成图纸绘制工作。

五、知识要点

(1) 两点透视的画面应与物体成约 30°夹角。

(2) 网格法绘制透视图是将平面图布置上适当大小的方格网,用以确定特征点的坐标位置。绘制透视图时,先绘制网格的透视,再根据坐标位置将特征点标注入网格透视中,连线相关点,形成物体基透视。

园林制图综合技能实训

实训十七
工程图读图及立面图、剖面图、断面图绘制

实训学时：12学时
实训类型：综合
实训要求：选修

一、目的

本单元实训要求学生综合运用之前学习的工程图制图规范、三视图绘制和剖、断面图绘制等知识，练习工程图的读图，学习分析空间环境并绘制立、剖、断面图。强化练习制图规范，具备绘制成套工程图的能力。

二、仪器与工具

绘图板、丁字尺、三角板、圆模板、A3绘图纸二张、铅笔、针管笔、圆规、橡皮、刀片、塑料胶带等。

三、实训内容

根据图17-1提供的资料，分析读图，绘制该场景主立面图。根据图中剖切符号标识，绘制剖面图。自选位置，绘制断面图，并将断面符号标注于平面图中。

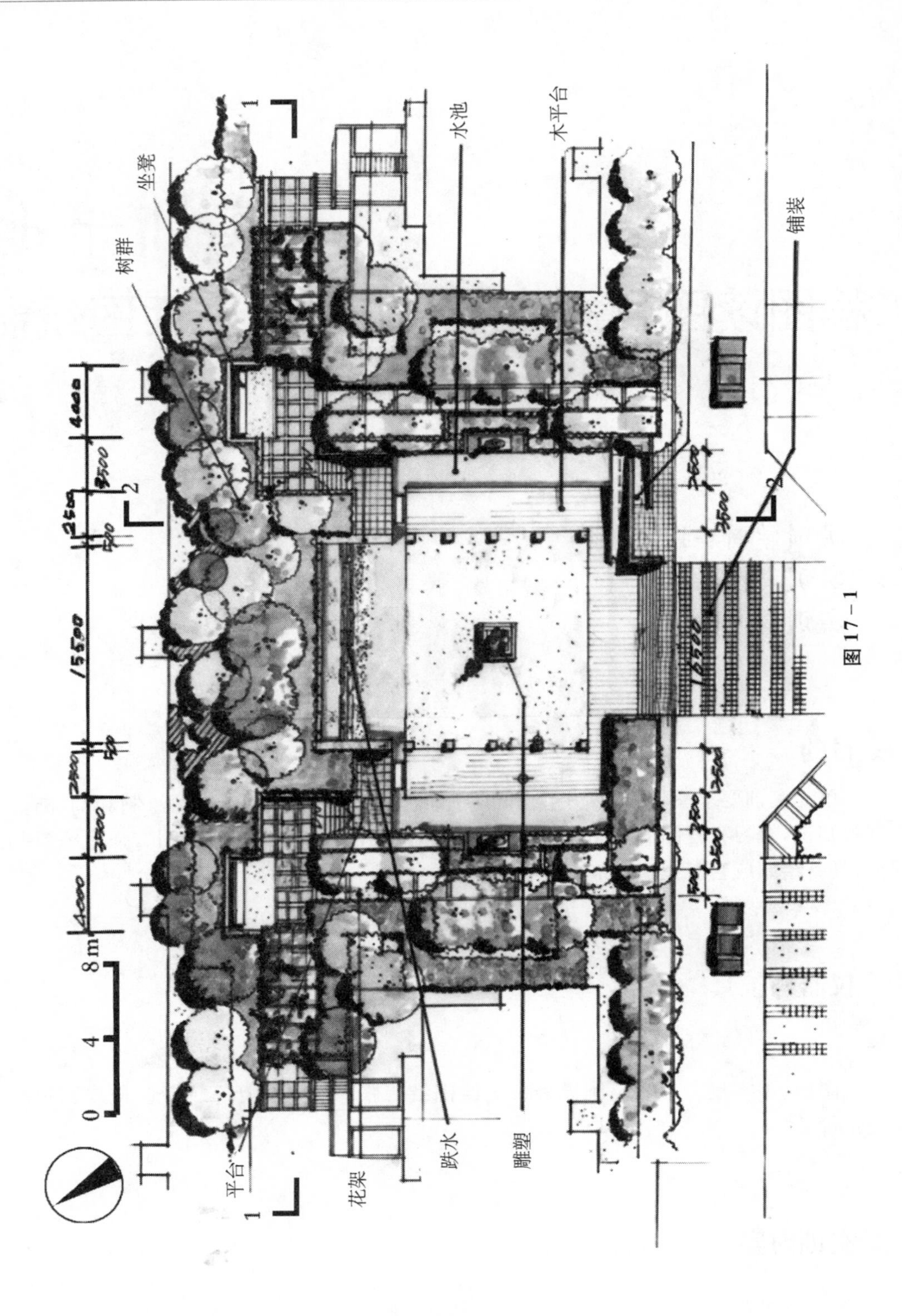

图 17-1

四、实训要求

（1）根据所学知识对平面图进行读图，分析空间布局及各处高差状况，构想空间形态。

（2）学会区分立、剖、断面图，并能规范绘制。

（3）掌握成套图纸绘制规范。

（4）比例自定，所有图纸布置在两张 A3 图纸中，注意排版和对应关系。

实训十八

屋顶花园平面图、立面图绘制

实训学时：6学时

实训类型：综合

实训要求：必修

一、目的

园林设计是用规范的工程图纸表现设计师想法的过程，要求设计师能通过规范的工程图传达设计意图，做到用图纸进行交流沟通。本单元实训要求学生具备图纸表达能力。学生必须综合运用学过的知识，将已知场景（或设计意图）转绘为规范的工程图纸。

二、仪器与工具

绘图板、丁字尺、三角板、圆模板、A3绘图纸一张、铅笔、针管笔、橡皮、圆规、刀片、塑料胶带等。

三、实训内容

根据图18-1和图18-2所提供的屋顶花园效果图绘制平、立面图。

图18－1

图 18－2

四、实训要求

1. 绘图注意规范要求
2. 场景中植物可根据情况自行搭配,但注意平立面图一致
3. 所有图纸布置于一张 A3 图纸中,注意对应排版
4. 屋顶花园相关尺寸

(1) 绘图比例 1∶50。
(2) 朝向自定。
(3) 屋顶尺寸:14 000×9 000(最大尺寸处)。
(4) 尺寸:
① 入口右侧绿地宽 1 500。
② 入口平台:3 500×3 500。
③ 亭下平台:木质,4 000×2 500。
④ 入口道路宽 1 500。
⑤ 水池:规则部分 5 500×2 000(外轮廓尺寸),水池池壁厚 120,池壁高度自定。
⑥ 自由造型部分按图纸样式绘制。
⑦ 木质道路宽 800。
⑧ 花架 4 500×1 200×2 000(外轮廓尺寸)。
⑨ 梁柱截面尺寸:100×80。
⑩ 亭:株距 1 500,柱高 1 700。屋顶高 2 300,屋顶坡度 30。
⑪ 湖石假山:2 000×900×1 800。
⑫ 女儿墙:厚 240,高 1 700。

实训十九
景园测绘及平面图、立面图、效果图绘制

实训学时：6 学时
实训类型：综合
实训要求：必修

一、目的

本单元实训选取校园内场景进行实地测量绘图。要求学生掌握简单的测量方法，学会记录数据，并将数据绘制生成规范的园林工程图纸。让学生在测量过程中，体会空间尺度和人的行为需求、心理感受，培养对环境的认知感。

二、仪器与工具

皮尺、卷尺、测高器、绘图板、丁字尺、三角板、圆模板、A3 绘图纸四张、铅笔、针管笔、圆规、橡皮、刀片、塑料胶带等。

三、实训内容

对选取场地进行实地测量(见图 19－1)，记录相关数据。根据数据绘制该场景的平立

图 19 - 1

面图，绘制正等测轴测图和两点透视图。

四、实训要求

（1）以组为单位，现场测绘，记录相关要素的尺寸数据（平面和竖向的）。注意数据的全面性和准确性

（2）根据测绘数据，确定绘图比例，每幅图绘制于一张 A3 图纸范围内。

（3）注意平、立、效果图中园林要素的不同表达方法。

（4）掌握最佳视点视距和画面位置的确定方法。

References 参考文献

[1] 段大娟. 园林制图. [M]北京：化学工业出版社，2012.
[2] 孙丽娟，马静. 园林制图. [M]上海：上海交通大学出版社，2012.
[3] 董南. 园林制图习题集. [M]北京：高等教育出版社，2005.
[4] 常会宁. 园林制图习题集. [M]北京：中国农业大学出版社，2008.
[5] 黄晖. 园林制图习题集. [M]重庆：重庆大学出版社，2010.
[6] 风景园林图例图示标准 CJJ 67－95.